碳中和管理丛书

低碳指标体系
Low-carbon Index System

唐葆君　胡玉杰　等　著

科学出版社

北京

内 容 简 介

城市低碳转型是中国实现碳达峰碳中和的关键。通过建立一个具有普遍适用性和科学性的低碳城市发展指标体系，可定量衡量各试点城市的低碳发展现状，分析其发展特点，有助于动态评估各试点城市的发展状况，并有针对性地提出城市低碳发展的模式与实现途径。本书针对我国城市低碳转型发展中的相关科学问题开展研究，服务于国家"双碳"目标的重大需求，具有鲜明的需求导向、问题导向和目标导向特征。针对城市低碳发展模式研究及典型城市低碳发展等重点问题进行剖析，简要论述每个问题的研究思路、模型方法、数据处理，并对结论进行详细阐述，以政策分析为导向，提出对中国城市低碳转型及可持续发展具有价值的参考建议。

本书可供从事低碳经济理论研究和政策制定的学者、专家和决策者，从事低碳经济评价和监测的技术人员和管理人员，从事各行业节能减排和绿色发展的企业家、社会组织及对低碳经济感兴趣的广大读者阅读和参考。

图书在版编目（CIP）数据

低碳指标体系=Low-carbon Index System / 唐葆君等著. —北京：科学出版社，2023.8

（碳中和管理丛书）

ISBN 978-7-03-076029-6

Ⅰ. ①低… Ⅱ. ①唐… Ⅲ. ①城市–节能–研究–中国 Ⅳ. ①TK01

中国国家版本馆 CIP 数据核字（2023）第 133630 号

责任编辑：刘翠娜 李亚佩 / 责任校对：王萌萌
责任印制：赵 博 / 封面设计：赫 健

科学出版社 出版
北京东黄城根北街 16 号
邮政编码：100717
http://www.sciencep.com

北京中石油彩色印刷有限责任公司印刷
科学出版社发行 各地新华书店经销

*

2023 年 8 月第 一 版 开本：787×1092
2024 年 1 月第二次印刷 印张：9 3/4
字数：230 000

定价：108.00 元

（如有印装质量问题，我社负责调换）

作 者 简 介

唐葆君，北京理工大学特聘教授、博士生导师，教育部长江学者特聘教授。现任北京理工大学管理与经济学院副院长、能源与环境政策研究中心副主任、应用经济学一级学科博士点带头人、北京理工大学人文学部委员，兼任中国煤炭学会碳减排工程管理专委会副主任、中国"双法"研究会能源经济分会秘书长、能源经济与环境管理北京市重点实验室学术带头人、北京经济社会可持续发展研究哲学社会科学研究基地副主任等。长期从事绿色与低碳经济研究，先后主持国家自然科学基金重点项目"城市能源系统低碳转型"、研究阐释党的二十大精神国家社科基金重点项目、国家重点研发计划重点专项课题"科技冬奥"等科研任务 30 余项；发表论文 100 余篇，其中 SCI/SSCI 收录 60 余篇；主编专著 9 部；获得专利授权 17 项；获软件著作权 28 项；作为主要完成人参与提交政策建议 17 份，并得到中办、国办重视；研究成果获省部级一等奖在内 7 项；教学成果获北京市教育教学成果奖一等奖 1 项；曾入选教育部青年长江学者、北京市优秀博士论文指导教师等。

前　言

为了控制温升、应对气候变化，中国提出"力争 2030 年前实现碳达峰，2060 年前实现碳中和"的减排目标。2021 年 3 月 15 日，习近平总书记在中央财经委员会第九次会议中指出要把碳达峰、碳中和纳入生态文明建设整体布局，拿出抓铁有痕的劲头，如期实现 2030 年前碳达峰、2060 年前碳中和的目标[①]。城市低碳转型是中国实现碳达峰碳中和的关键。由于城镇化、工业化、国际化和现代化程度的进一步提高，我国面临发展阶段难以逾越、能源消费以煤炭为主、技术相对落后、区域碳排放差异较大、城镇化背景下高碳排放基础设施的扩张等诸多挑战。城镇化水平提高与能源高消耗和温室气体高排放存在紧密的联系。在不考虑其他因素时，城镇化率每提升一个百分点，CO_2 人均排放将增加 5.8kg。本书拟针对我国城市低碳转型发展中的相关科学问题开展研究，服务于国家"双碳"目标的重大需求，具有鲜明的需求导向、问题导向和目标导向特征。

希望本书的出版能够助力中国城市低碳转型建设，推动低碳经济发展取得新突破，助力国家"双碳"目标的实现。本书围绕城市低碳发展评估指标体系的构建、城市低碳发展评估指标体系的应用、多层次城市低碳发展模式研究及典型城市低碳发展等，建立了一个具有普适性和科学性的低碳城市发展指标体系，动态评估各低碳城市试点的发展状况并有针对性地提出城市低碳发展的模式与实现途径，为国家城市低碳能源转型发展和低碳减排工作提供政策参考。本书研究的主要问题如下。

(一)城市低碳发展经验与基本概念

随着国际和我国国内环境的变化，低碳发展已经从全球气候变化谈判的国际减排要求，转变为国内转型发展的内生动力，也是实现经济、气候、环境和社会协调发展的必然要求，各地方政府应因地制宜地制定合理的经济和环境政策来持续促进低碳转型进程。面对低碳转型的机遇和挑战，正确选择适合自身的低碳发展道路至关重要。本书深入比较了国内外城市的低碳建设现状，发现低碳城市建设中存在的共性特征，明确了低碳发展的相关理论，为我国城市低碳转型与发展奠定了现实及理论基础。

(二)城市低碳发展评估理论研究

国内外许多学者就城市低碳发展的评价问题进行了大量的理论研究和实践探

---

① 新华社. 习近平主持召开中央财经委员会第九次会议. (2021-03-15)[2022-12-02]. http://www.gov.cn/xinwen/2021-03/15/content_5593154.htm。

索，形成了各具特色的研究成果。部分学者基于全生命周期理论，对城市各部门碳排放进行评估，进而对城市整体低碳发展开展评价；部分学者从经济发展与其对环境影响程度的关系入手，定量分析城市低碳发展水平；一部分研究聚焦人类活动与自然环境之间的因果关系；还有一部分研究则从可持续发展的经济、社会、环境三大基本支柱的角度构建城市低碳发展评估指标体系。梳理已有研究发现，城市低碳发展评估缺乏系统的理论支撑；城市低碳发展评估应兼顾城市共性与个性；城市低碳发展评估缺乏对基准值的分析；城市低碳发展评估需建立评价支持系统，实现评价工作的智能化；城市低碳发展评估体系缺乏实践检验与推广应用。

(三)城市低碳发展评估指标体系构建

城市低碳发展评估指标体系应以城市低碳发展的目标为导向，反映城市经济发展、能源消费、碳汇、生态环境等各方面状况。在构建阶段，首先，结合现有的低碳政策、规划和清单指南等，科学选取评价的重要领域，明确评价指标框架，从可持续发展的经济、社会、环境三大基本支柱的角度构建指标体系。其次，以低碳相关性、内涵差异性、自身特色性、政策导向性为原则，选取相关指标。再次，通过专家咨询、实地调研和统计分析等方法，以实用性和操作性为原则遴选相关指标。最后，采用科学的方法进行权重分配，形成具有理论基础、数据可得、应用性和连续性强的城市低碳发展评估指标体系。在修正阶段，将指标体系应用于实践，并根据反馈不断修正评价方法和评价指标，最终完成指标体系的构建。

(四)城市低碳发展评估指标体系应用

通过构建的城市低碳发展评估指标体系，评估得到 2010 年、2015 年、2018 年 67 个低碳试点城市的综合评估得分和各一级指标得分，以及对低碳试点城市的低碳发展动态评估，得出宏观维度动态评估、按低碳试点设立批次分类的动态评估、按城市发展特点分类的动态评估结果。

(五)分部门及不同类型城市的低碳发展模式

本书提出了一种基于全要素生产率的多层次城市低碳评估体系，将城市看作投入要素，产生经济增长与二氧化碳的投入产出系统，以碳排放的碳全要素生产率高低为衡量城市低碳发展水平的关键指标，综合考虑城市的碳全要素生产率、城市三个主要排放来源(工业部门、交通部门、建筑部门)的碳全要素生产率，对城市低碳发展模式进行识别，分析城市实现经济与碳排放脱钩道路上的阻碍，给出有针对性的具体建议。

(六)领先型城市低碳发展研究——以北京市为例

应用构建的综合评估指标体系，论述了北京市低碳发展的背景与现状、为实现低碳发展采取的措施与实践、北京市低碳发展评估结果、实现低碳发展面临的关键困难与挑战，进一步给出了北京市低碳发展的政策建议，重点讨论了北京市交通系统与建筑部门低碳发展的实践与经验。

(七)成熟型城市低碳发展研究——以唐山市为例

应用构建的综合评估指标体系，论述了唐山市低碳发展的背景与现状、为实现低碳发展采取的措施与实践、唐山市低碳发展评估结果、实现低碳发展面临的关键困难与挑战，进一步给出了唐山市低碳发展的政策建议，重点讨论了唐山市钢铁行业的低碳发展前景与发展措施。

(八)探索型城市低碳发展研究——以成都市为例

应用构建的综合评估指标体系，论述了成都市低碳发展的背景与现状、为实现低碳发展采取的措施与实践、成都市低碳发展评估结果、实现低碳发展面临的关键困难与挑战，进一步给出了成都市低碳发展的政策建议，重点讨论了成都市建筑部门与交通部门低碳发展的实践经验与优化前景。

(九)后发型城市低碳发展研究——以贵阳市为例

应用构建的综合评估指标体系，阐述了贵阳市低碳发展的背景与现状、为实现低碳发展采取的措施与实践、贵阳市低碳发展评估结果、实现低碳发展面临的关键困难与挑战，进一步给出了贵阳市低碳发展的政策建议。

本书围绕上述焦点问题，针对城市低碳发展模式研究及典型城市低碳发展等重点问题进行剖析，简要论述每个问题的研究思路、模型方法、数据处理，并对结论进行详细阐述，以政策分析为导向，提出对我国城市低碳转型及可持续发展具有价值的参考建议。

本书的编写由唐葆君负责总体设计、策划、组织和统稿。第1章由唐葆君、胡玉杰、王璐璐完成；第2章至第4章由唐葆君、王璐璐完成；第5章至第8章由唐葆君、陈俊宇完成；第9章由唐葆君、胡玉杰完成。

在本书的研究与撰写过程中，得到了国家自然科学基金重点项目(No. 71934004)和国家社科基金重点项目(No. 23AZD065)的支持。北京理工大学能源与环境政策研究中心(CEEP-BIT)的研究团队对我们的工作给予了大力支持。衷心感谢中心主任魏一鸣教授的鼓励、指导和斧正。值此，向他们的无私帮助表示崇高的敬意！

特别感谢本书引文中的所有作者！

限于作者知识修养和学术水平，书中难免有不足之处，恳请读者批评指正！

唐葆君

2023 年 1 月于北京

目　　录

第1章　低碳城市发展经验与基本概念

为了控制温升、应对气候变化，中国提出"争取 2030 年前碳达峰、2060 年前实现碳中和"的减排目标。当前气候变化已成为全世界共同面对的严峻挑战，而人类活动是气候变化的主要原因之一(IPCC，2013)。据政府间气候变化专门委员会估计，人类活动已经引起了较工业化前水平 1.0℃的温升，若继续按照当前的增长比率，全球变暖极有可能在 2030～2052 年间达到 1.5℃，如果升温达到 1.5℃，就会产生巨大的气候影响，导致人类生计丧失、粮食短缺、流离失所、健康受损等。大部分国家已经开始致力于有效控制或减缓温室气体的排放，提出了碳达峰碳中和等减排目标，目前全球已经有 54 个国家的碳排放实现达峰，占全球碳排放总量的40%，其中大部分为发达国家(OECD，2021)。根据 Climate News 网站的报道，全球已有 30 个国家或地区设立了净零排放或"碳中和"的目标，中国作为世界第一排放大国，也做出了相应的减排承诺。2020 年，习近平在第七十五届联合国大会一般性辩论上向国际社会做出碳达峰碳中和的郑重承诺，在气候雄心峰会上提出了具体目标，在党的十九届五中全会、中央经济工作会议上均做出了相关的工作部署。[①]

城市低碳转型是中国实现碳达峰碳中和的关键。由于城镇化、工业化、国际化和现代化程度的进一步提高，我国面临发展阶段难以逾越、能源消费以煤炭为主、技术相对落后、区域碳排放差异较大、城镇化背景下高碳排放基础设施的扩张等诸多挑战(魏一鸣等，2018)。城镇化水平提高与能源高消耗和温室气体高排放存在紧密的联系。根据 2014 年中国各省份人均生活消费碳排放与城镇化率的相关分析，在不考虑其他因素时，城镇化率每提升一个百分点，人均二氧化碳排放将增加 5.8kg，相当于 2014 年全国人均生活排放($0.29t\ CO_2$)的 2%。如果按照新型城镇化规划目标，2020 年城镇化率达到 60%，人均居民生活消费碳排放将从 $0.29t\ CO_2$ 增加到 $0.33t\ CO_2$(魏一鸣等，2017)。由于在当前经济、技术和社会发展阶段还未找到协调经济增长与低碳发展的根本解决途径和现成方案，政府试图通过地方试点创造并总结有效的政策和制度(齐晔，2013)。至今，中国已经确定了 6 个省区低碳试点、36 个低碳试点城市，除湖南、宁夏、西藏和青海外，每个地区至少有一个低碳试点城市，发展路径包括低碳产业、低碳交通、低碳建筑等多维度，低碳试点已经基本在全国全面铺开。两批低碳试点地区已占全国五分之一的土地，常住人口已达中国的 39%，并覆盖了全国各阶段经济发展水平的城市。

城市低碳发展研究具备较强的现实及理论意义。本书剖析城市低碳发展经验及

---

① 习近平. 以更加积极姿态参与全球气候治理. 人民日报，2021(4 月 23 日第 1 版)。

分析理论；构建多层次的城市低碳发展评估指标体系，并开展不同维度的评估；开展不同类别城市的低碳发展模式分析；从交通、建筑运行、电力、工业等城市最主要的排放部门低碳发展进程出发，通过研究行业低碳发展与城市经济增长的耦合体制，深入探究技术、成本、制度的相互作用、协同演化，形成城市能源系统低碳转型的偏好和内在驱动机制。本书构建的城市低碳发展评估指标体系不仅可以探讨宏观经济结构下城市能源、经济、环境三者的关系，还能够对微观层面下的城市能源技术和环境减排技术等的选择进行比较分析，从而拓展了城市能源系统低碳发展的研究思路及理论方法，具有较强的理论贡献。通过选取具有代表性的低碳试点城市进行低碳发展现状评估，为典型城市提供低碳发展的路径选择，具备了较强的现实意义。

本章首先介绍国外低碳城市建设情况及发展经验，其次深入分析国内低碳城市试点建设的基本情况，进而明晰城市低碳建设的基本特点与标准规范，最后阐述低碳城市的内涵与概念界定。

1.1　国外低碳城市建设情况

1.1.1　英国伦敦——低碳城市的先行者

为推动英国尽快向低碳经济转型，英国政府成立了一个私营机构——碳信托基金会，负责联合企业与公共部门，发展低碳技术，协助各种组织降低碳排放。其推行能源更新与低碳技术应用，发展热电冷联供系统，用小型可再生能源装置代替部分由国家电网供应的电力，改善现有和新建建筑的能源效益，引进碳价格制度，向进入市中心的车辆征收费用，提高全民的低碳意识。作为英国的首都，伦敦是全球发展低碳经济的中心，该市的规划条例与相关能源法案组成了比较完善的低碳法律体系。比如《欧盟建筑能源性能指令》《可持续和安全建筑法案(2004)》《住宅法(2004)》规定了伦敦住宅出售之前要申请能效证书；《家庭节能法案(1995)》要求伦敦政府为居民家庭节能提供帮助。这些法律法规形成了自上而下的法律体系，有力促进了伦敦可持续项目的发展。

1.1.2　日本横滨——低碳社会行动计划

2008年6月，日本首相福田康夫提出日本新的防止全球气候变暖对策，即"福田蓝图"。"福田蓝图"指出，日本温室气体减排的长期目标是：到2050年温室气体排放量比目前减少60%～80%。2008年7月29日的内阁会议通过了依据"福田蓝图"制定的"低碳社会行动计划"，提出了数字目标、具体措施以及行动日程。横滨被日本政府选定为六个减缓温室效应的"环境模范城市"之一。横滨通过建立垃圾焚烧厂、开展"瘦身"运动和垃圾管理责任下放等措施将垃圾成功"瘦身";开展"绿色能源项目",利用传感技术和智能技术减少电能的消耗;降低太阳能发电系统的价格;普及电动车的使用,争取实现"零排放交通项目",打造"二氧化碳低排放型社会"。东京着重调整一次能源结构,以商业碳减排和家庭碳减排为重点,提高新建建筑节能标准,引入能效标签制度提高家电产品的节能效率,推广低能耗汽车使用,高效进行水资源管理,防止水资源流失。

1.1.3　奥地利古辛市——"以点带面",打造低碳小镇

古辛市位于奥地利东南部的布尔根兰州,其人口约 4000 人,相当于中国人口较少的一个小镇。古辛市经历了两次世界大战,也经历了汉姆斯王朝的堕落与瓦解,因此其经济发展速度缓慢,工厂与企业很少,基础设施薄弱,工作岗位稀缺,大约 70%的居民都要去其他的地区工作。该地区人口流失情况十分严重,在第二次世界大战后,有大约 1/4 的人口迁移到了美国。这些都导致了该地区成为奥地利经济发展最薄弱的区域。到 1988 年时,古辛市可以说是奥地利最贫穷的区域,为了改变这种状况,政府开始调整发展策略,不再单单依靠消耗化石能源来发展,而是采取可持续发展战略。

古辛市成立了能源示范区,使用清洁能源满足居民的生活需要。生物质能是当地主要的清洁能源之一,通过农业产品废料进行气化和能源转变得到。古辛市光照时间较长,所以太阳能也是主要的清洁能源。此外,该地区还大力发展了新能源旅游业,有超过 300 万人来参观学习。如今,古辛市成功脱贫致富,同时也成为新能源的代名词。

1.1.4　德国弗莱堡——以"绿色之都"为立足点

位于德国西南边陲的弗莱堡,具有德国"环保首都"的称号。政府推行可再生能源的优惠政策,很多建筑成为小型的太阳能"发电厂",同时推广低能耗建筑和低能耗材料的使用;在城市交通规划上把重点放在城市公共交通系统的建设上,城市有轨电车、公交车和自行车的使用降低了环境的污染;在环保技术研发方面取得了显著成果,研发能力位居世界前列,太阳能系统中心、生物能源研究中心都在此落户,使低碳产业成为该市经济发展的巨大动力。弗莱堡低碳发展策略集中在能源和交通上,推行城市建筑太阳能发电且并入电网,进行城市有轨电车和自行车专用道建设。弗班区和里瑟菲尔德新区被视为低碳城市建设的样本,通过示范区的形式推进低碳城市建设。

1.1.5　丹麦哥本哈根——以"碳中性城市"为依托

哥本哈根作为丹麦的首都,启动了建设清洁能源发电站、推广混合燃料汽车、

鼓励自行车出行、垃圾精密分类回收利用、制定建筑节能标准以及推广节能建筑等50余项减排措施,争取经过两个阶段到2025年成为世界上第一个碳中性城市,达到最终二氧化碳排放量为零的目标。哥本哈根大力推行风能和生物质能发电,建设了世界第二大近海风能发电工程,推行高税的能源使用政策,制定标准推广节能建筑,推广电动车和氢能汽车,鼓励居民自行车出行,目前36%的居民骑车前往工作地点,倡导垃圾回收利用,仅有3%的废物进入废物填埋场。

1.1.6 瑞典斯德哥尔摩——以"零碳城市"为目标

作为瑞典首都也是第一大城市的斯德哥尔摩,是瑞典的政治、文化、经济、交通中心。首先,斯德哥尔摩把汉马比居住区改造成现代低碳生态型居住区,其先进的规划设计理念和成功的项目实践成为众多城市建设低碳城市的模范;其次,斯德哥尔摩的哈默比湖城设计并实践了"哈默比模型"以实现碳减排目标,已成为低碳生态城市建设的样本。斯德哥尔摩大力推行城市机动车使用生物质能,城市车辆全部使用清洁能源,向进入市中心交通拥堵区的车辆征收费用,制定绿色建筑标准促进建筑节能,建设自行车专用道鼓励自行车出行,致力于打造高品质"零碳城市"。

1.2 国内低碳城市发展现状

1.2.1 低碳试点城市情况综述

城市是低碳试点建设的主体。2010年7月至2017年1月,国家发展和改革委员会分三批设立了81个低碳试点城市。几年来,各试点城市在提升能源利用效率、调整产业结构和构建低碳交通体系等方面,对城市能源需求侧低碳转型积极探索。国内外研究表明,低碳试点政策通过能源利用效率提高和产业结构升级等方式,显著降低了试点城市的人均碳排放量、碳排放强度和用电强度等。人口规模、城市化水平、富裕程度、产业结构等差异是影响政策效果的重要因素。截至2017年1月,我国已设立了81个低碳试点城市。除保定市外,其他80个低碳试点城市均提出了实现碳排放达峰的初步目标,其中计划在2020年前、2025年前、2030年前和2035年前达峰的城市分别为15个、45个、19个和1个。2015年9月,北京市、深圳市、广州市、武汉市、镇江市、贵阳市、吉林市、金昌市、延安市等试点城市还加入了"率先达峰城市联盟",向国际社会公开宣示了峰值目标并提出了相应的政策和行动。各试点城市的基本情况见表1-1。

由于不同试点单位所属城市类型不同、面临的低碳挑战不同,本书结合特征指标、城市类型、国家政策规划等因素,对全国81个低碳试点城市进行分组,进而

表 1-1　低碳试点城市基本情况

序号	城市	批次	达峰年	类型	序号	城市	批次	达峰年	类型
1	杭州市	1	2020	中心城市	25	南平市	2	2025	资源型
2	厦门市	1	2020	生态型	26	秦皇岛市	2	2025	沿海开放型
3	深圳市	1	2022	中心城市	27	上海市	2	2025	中心城市
4	南昌市	1	2025	生态型	28	石家庄市	2	2025	老工业基地
5	天津市	1	2025	沿海开放型	29	呼伦贝尔市	2	2028	资源型
6	贵阳市	1	2030	生态型	30	延安市	2	2029	资源型
7	重庆市	1	2035	中心城市	31	池州市	2	2030	资源型
8	保定市	1	—	老工业基地	32	广元市	2	2030	资源型
9	宁波市	2	2018	沿海开放型	33	桂林市	2	2030	老工业基地
10	温州市	2	2019	沿海开放型	34	昆明市	2	2030	生态型
11	北京市	2	2020	中心城市	35	乌鲁木齐市	2	2030	老工业基地
12	广州市	2	2020	中心城市	36	遵义市	2	2030	老工业基地
13	济源市	2	2020	老工业基地	37	烟台市	3	2017	沿海开放型
14	青岛市	2	2020	沿海开放型	38	敦煌市	3	2019	旅游
15	苏州市	2	2020	中心城市	39	黄山市	3	2020	生态型
16	镇江市	2	2020	老工业基地	40	吴忠市	3	2020	老工业基地
17	武汉市	2	2022	中心城市	41	金华市	3	2020	其他京津冀、长三角、珠三角地区
18	赣州市	2	2023	资源型	42	伊宁市	3	2021	生态型
19	晋城市	2	2023	资源型	43	南京市	3	2022	其他京津冀、长三角、珠三角地区
20	景德镇市	2	2023	老工业基地	44	衢州市	3	2022	生态型
21	大兴安岭地区	2	2024	资源型	45	常州市	3	2023	其他京津冀、长三角、珠三角地区
22	淮安市	2	2025	生态型	46	吉安市	3	2023	生态型
23	吉林市	2	2025	老工业基地	47	嘉兴市	3	2023	其他京津冀、长三角、珠三角地区
24	金昌市	2	2025	资源型	48	长阳土家族自治县	3	2023	旅游

序号	城市	批次	达峰年	类型	序号	城市	批次	达峰年	类型
49	合肥市	3	2024	其他京津冀、长三角、珠三角地区	66	银川市	3	2025	老工业基地
50	拉萨市	3	2024	旅游	67	长沙市	3	2025	中心城市
51	逊克县	3	2024	资源型	68	株洲市	3	2025	老工业基地
52	昌吉市	3	2025	资源型	69	中山市	3	2025	其他京津冀、长三角、珠三角地区
53	朝阳市	3	2025	老工业基地	70	成都市	3	2025	中心城市
54	大连市	3	2025	沿海开放型	71	普洱市思茅区	3	2025	资源型
55	第一师阿拉尔市	3	2025	资源型	72	抚州市	3	2026	生态型
56	和田市	3	2025	资源型	73	柳州市	3	2026	老工业基地
57	淮北市	3	2025	老工业基地	74	郴州市	3	2027	资源型
58	济南市	3	2025	老工业基地	75	共青城市	3	2027	生态型
59	兰州市	3	2025	老工业基地	76	三明市	3	2027	生态型
60	琼中黎族苗族自治县	3	2025	旅游	77	沈阳市	3	2027	中心城市
61	三亚市	3	2025	旅游	78	安康市	3	2028	生态型
62	潍坊市	3	2025	资源型	79	湘潭市	3	2028	老工业基地
63	乌海市	3	2025	资源型	80	玉溪市	3	2028	资源型
64	西宁市	3	2025	老工业基地	81	六安市	3	2030	生态型
65	宣城市	3	2025	其他京津冀、长三角、珠三角地区					

展开具有可比性的深入分析。在经济发展层面，2010 年，我国三批 81 个试点城市中，有 51 座城市的人均 GDP 超过了全国平均水平。到 2020 年，人均 GDP 超过全国平均水平的城市达到了 57 个。如图 1-1 所示，中心城市、沿海开放型城市和其他京津冀、长三角、珠三角地区城市的人均 GDP 整体较高。这类城市已基本完成工业化进程，经济发展处于先进水平。老工业基地城市和资源型城市由于早期发展方式较为粗放且过于依赖第二产业等原因，其经济发展稍显疲软。生态型和旅游型城市的经济发展水平差异较大，但其城市化进程较快，综合经济水平发展较稳定。

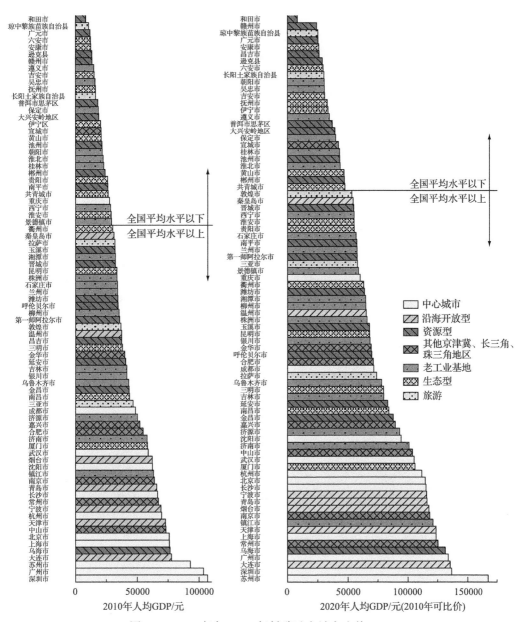

图 1-1　2010 年与 2020 年低碳试点城市人均 GDP

　　为明确试点城市碳排放基础情况，利用中国碳核算数据库（CEADs），对典型低碳试点城市 2010 年 CO_2 排放数据进行总结，从居民人均收入、人口规模、地理位置和城市发展特征四个角度对试点城市的碳排放状况进行分析。由于 CEADs 数据库仅涵盖部分低碳试点城市，故本部分研究所涉及的样本城市数量为 51 个，具体统计结果见表 1-2。

表 1-2　2010 年低碳试点城市基本情况及排放量

第 1 部分　按居民人均收入分类

城市类型	低	中等偏低	中等偏高	高
分类依据	<0.68 万元	≥0.68 万元且<2.69 万元	≥2.69 万元且<8.31 万元	≥8.31 万元
单位 GDP 的 CO_2 排放量/(t CO_2/万元)	—	1.49	2.46	—
人均 CO_2 排放量/t CO_2	—	3.01	12.47	—
年末总人口均值/万人	—	22841.46	39539.12	—
城市数量/个	0	4	47	0

第 2 部分　按人口规模分类

城市类型	小型	中等	大型	特大	巨大
单位 GDP 的 CO_2 排放量/(t CO_2/万元)	—	5.53	3.65	1.95	1.11
人均 CO_2 排放量/t CO_2	—	40.84	15.67	9.82	7.38
年末总人口均值/万人	—	53.00	215.15	602.81	1780.66
城市数量/个	0	1	13	33	4

第 3 部分　按城市地理位置分类

城市类型	东	中	西	东北
单位 GDP 的 CO_2 排放量/(t CO_2/万元)	1.55	2.36	4.28	1.66
人均 CO_2 排放量/t CO_2	11.90	6.93	18.30	10.31
城市数量/个	22	15	11	3

第 4 部分　按城市发展特征分类

城市类型	老工业基地	中心城市	资源型	沿海开放型	其他京津冀、长三角、珠三角地区	生态型
单位 GDP 的 CO_2 排放/(t CO_2/万元)	3.74	1.31	2.92	1.83	1.65	1.58
人均 CO_2 排放/(t CO_2/人)	14.73	12.98	12.40	11.67	8.70	4.49
城市数量/个	15	12	6	7	3	8

1. 按居民人均收入分类

根据世界银行 2010 年划分不同国家和地区贫富程度的标准（按 2010 年年平均汇率折合 1 美元约等于 6.7695 人民币计算），以居民人均收入水平将低碳试点城市分为四类：低收入城市、中等偏低收入城市、中等偏高收入城市和高收入城市，具体分类依据见表 1-2 第 1 部分。51 个低碳试点城市中，中等偏低收入和中等偏高收入城市分别为 4 个和 47 个。两类城市的单位 GDP 的 CO_2 排放量和人均 CO_2 排放量分别为 1.49t CO_2/万元、2.46t CO_2/万元和 3.01t CO_2、12.47t CO_2。中等偏高收入城市的 CO_2 排放水平普遍高于中等偏低收入城市。居民人均收入高于全国平均水平的低碳试点城市有 29 个，除成都市人均 CO_2 排放量为 3.62t CO_2 和温州市人均 CO_2 排放量为 3.75t CO_2，其余 27 个城市的人均 CO_2 排放量均高于全国平均水平（5.89t CO_2）（图 1-2）。

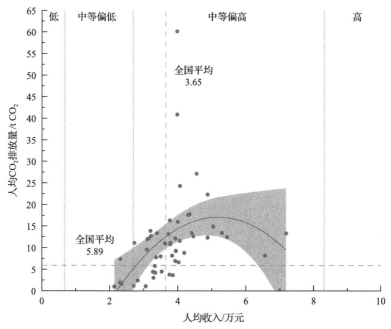

图 1-2　低碳试点城市 2010 年人均 CO_2 排放量情况

2. 按城市人口规模分类

我国当前尚未对城市规模在立法层面有清晰的界定。本书根据《中国中小城市发展报告（2010）：中国中小城市绿色发展之路》中对城市规模的分类，即城市常住人口在 50 万人以下的为小型城市，50 万～100 万人的为中等城市，100 万～300 万人的为大型城市，300 万～1000 万人的为特大城市，1000 万人以上的为巨大城市。以 2010 年低碳试点城市常住人口数据划分城市规模，其中小型城市 0 个，中等城市 1 个，占样本低碳试点城市的 1.96%，大型城市 13 个，占样本低碳试点城市的 25.50%，特大城市 33 个，占样本低碳试点城市的 64.70%，巨大城市 4 个城市，占样本低碳试点城市的 7.84%。如表 1-2 所示，随着城市常住人口规模的增大，城市的单位 GDP CO_2 排放量和人均 CO_2 排放量均有所降低。中等城市的单位 GDP CO_2

排放量均值和人均 CO_2 排放量均值最高，分别为 5.53t CO_2/万元和 40.84t CO_2。巨大城市的单位 GDP CO_2 排放量均值和人均 CO_2 排放量均值最低，分别为 1.11t CO_2/万元和 7.38tCO_2。

3. 按城市所处地理位置分类

根据国家统计局对于东西中部和东北地区划分方法，51 个低碳试点城市中，位于东、中、西和东北地区的城市数量分别为 22 个、15 个、11 个和 3 个。其中东部地区试点城市的单位 GDP CO_2 排放量均值最低，为 1.55t CO_2/万元，中部地区试点城市的人均 CO_2 排放量均值最低，为 6.93t CO_2。西部地区试点城市碳排放强度高于其他地区试点城市，其单位 GDP CO_2 排放量均值是东部地区的 2.76 倍，人均 CO_2 排放量均值是中部地区的 2.64 倍。

4. 按城市发展特征分类

根据《全国老工业基地调整改造规划(2013—2022 年)》《全国主要功能区划分》《全国资源型城市可持续发展规划(2013—2022 年)》《中国城市竞争力蓝皮书(2013)》等，将低碳试点城市分为老工业基地城市(15 个)，中心城市(12 个)，资源型城市(6 个)，沿海开放城市(7 个)，其他京津冀、长三角、珠三角地区城市(3 个)和生态型城市(8 个)。其中中心城市的单位 GDP CO_2 排放量均值最低，为 1.31t CO_2/万元；生态型城市的人均 CO_2 排放量均值最低，为 4.49t CO_2，是唯一低于全国平均水平(5.89t CO_2)的一类试点城市。

图 1-3 详细展示了主要试点城市的碳排放动态变化情况。总体来看，2011～2017 年，试点城市碳排放增速呈减缓的趋势，其中 2013 年、2015 年和 2017 年实现碳排放负增长的城市比例更高，但并没有城市在此期间实现持续的碳排放负增长。部分城市，如北京市和上海市，在观察期内始终保持着较低的碳排放正增长，但在大部分年份实现了负增长。杭州市、青岛市、宁波市和六安市等城市的碳排放则在一定的水平上基本保持不变。三亚市、吴忠市和银川市等地的碳排放增速虽在 2015 年左右有所放缓，但在观察期内的大部分时间保持相对较高的正增长速率。

1.2.2　低碳试点城市经济维度发展评估

1. 产业结构调整

2019年，中国第二产业增加值占全年GDP的39%，能耗占全国能耗总量的65%。第二产业，特别是高能耗工业产业，在国民经济总量中占比过高已成为我国经济高碳化的主要因素。工业部门按行业可分为制造业、采掘业、水处理业和电力行业。其中，制造业按照能源消费强度可划分为"高耗能行业"和"非高耗能行业"。粗放的发展方式和能源利用方式使工业部门能源消费呈现高消耗、高排放、高污染的特点。因此，调整产业结构对城市能源系统转型研究具有重要意义。

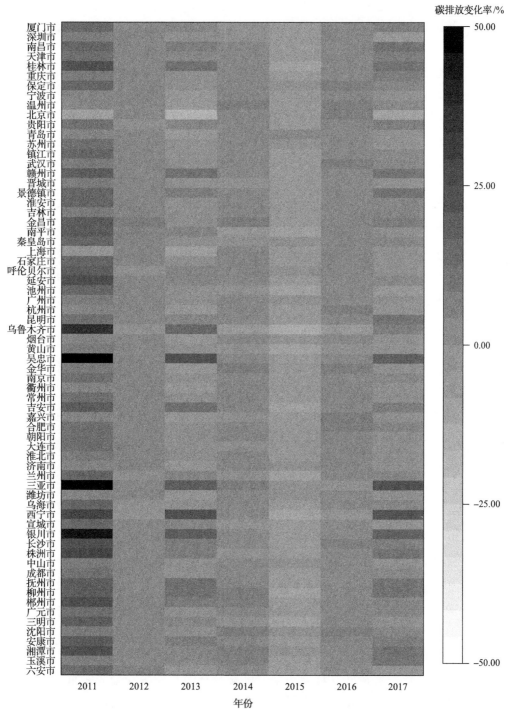

图 1-3 2011~2017 年低碳试点城市碳排放变化率

　　各低碳试点城市通过调整自身产业结构探索低碳转型的发展之路。根据各试点城市工作实施方案，主要通过大力推进高碳产业向低碳产业转型和发展生产、生活性服务业等现代服务业两种途径，实现工业部门产业转型。低碳试点城市政策实施10年来，81个试点城市中有67个城市实现了第二产业增加值占GDP的比重减少。全部中心试点城市和沿海开放试点城市的第二产业占比减少，但与此同时，三分之一的资源型城市和五分之三的旅游城市的第二产业比重增加。根据国家统计局数据，2010年全国三次产业增加值占GDP比重的相对值为10.2∶46.8∶43。低碳试点城市平均三次产业增加值占GDP比重为11.61∶47.74∶40.65，低于全国平均水平。七类试点城市中，旅游和中心城市的第三产业比重高于全国平均水平且超过二分之一，分别为52.45%和51.69%，资源型和老工业基地城市的第三产业比重低于40%。2020年，全国三次产业增加值占GDP比重为7.7∶37.8∶54.5。低碳试点城市平均三次产业增加值占GDP比重为8.67∶37.58∶53.75，低于全国平均水平。七类低碳试点城市的第三产业占比均高于40%，其中心城市、其他京津冀、长三角和珠三角城市和旅游城市的第三产业比重高于全国平均水平。中心城市的第三产业比重最高，达到63.92%。沿海开放型城市和老工业基地城市的第三产业占比虽低于全国平均水平，但比重仍高于50%。

　　如图1-4所示，2010～2020年，我国第二产业增加值占GDP比重平均降低了9个百分点，第三产业增加值占GDP比重平均增长了11.5个百分点。试点城市相关产业比重变化更加明显。其中中心城市，其他京津冀、长三角和珠三角城市，沿海开放城市和老工业基地城市第二、三产业比重变化，均高于全国水平和试点城市平均水平，老工业基地城市表现最为突出。

　　总体而言，各低碳试点城市在调整产业结构方面持续发力，取得了一定的进展（图1-5）：第三产业比重均值与全国平均水平间的差距不断缩小，绝大部分试点城市的第二产业比重有所下降。这些成果为缓解相关城市经济发展高碳化问题提供了基础。

　　2. 能源利用效率提升

　　提高能源利用效率已成为"十四五"期间我国经济社会发展的主要目标。这一目标要求我们以经济有效的方式整合关键技术、建立节能机制，以实现能源系统的绿色低碳发展。城市能源系统低碳转型的主体包括政府、企业和消费者。政府部门作为低碳转型的前端驱动部门，通过政策手段对市场进行规制和监管。政策制定受企业技术创新、消费者偏好、环境污染、碳减排压力、能源安全等多重因素影响。面对气候变化、环境污染和能源问题，政府制定行动目标和行业规划，并出台政策措施，通过税收、补贴等多种方式引导企业调整产品结构、优化工艺流程、实现技术革新，引导消费者改变消费行为，最终实现能源需求侧的低碳转型。

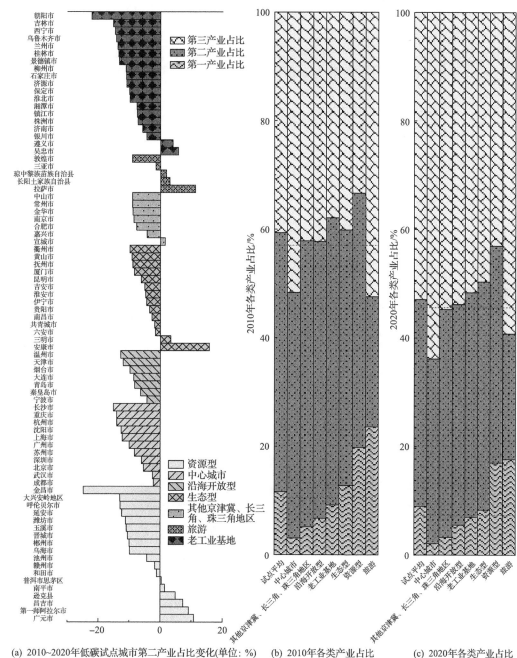

(a) 2010~2020年低碳试点城市第二产业占比变化(单位: %)　(b) 2010年各类产业占比　(c) 2020年各类产业占比

图 1-4　低碳试点城市产业结构变化情况

　　根据中国城市统计年鉴相关数据，2010～2020 年，超过 80%的低碳试点城市实现了单位 GDP 用电量的负增长(图 1-6)。兰州市的万元 GDP 用电量降幅最大，为 60.57%。其他老工业基地城市中，除保定市和乌鲁木齐市外，也均实现了万元 GDP 用电量的负增长。11 个万元 GDP 用电量正增长的城市为：属于资源型城市的延安市、赣州市、潍坊市、呼伦贝尔市，属于中心城市的沈阳市，属于沿海开放型

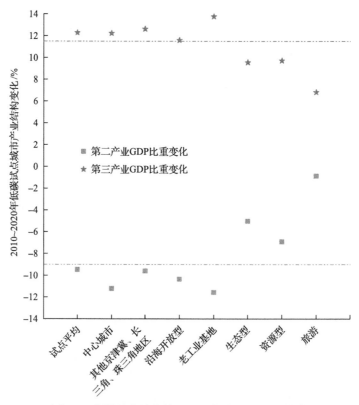

图 1-5　各类试点城市第二、三产业 GDP 比重变化

城市的秦皇岛市和大连市，属于生态型城市的吉安市，属于其他京津冀、长三角、珠三角地区的宣城市和苏州市，以及属于旅游城市的三亚市。11 个资源型城市中，4 个城市的万元 GDP 用电量有所增长，增幅最大的城市为潍坊市（51.92%）。在用电结构方面，10 年间，相关城市的工业用电占比减少了 4.65%，居民用电占比增加了 1.36%。生态型城市、沿海开放型城市和中心城市的工业用电占比下降量和居民用电占比增加量均高于试点城市平均水平。由此可见，10 年间，典型低碳试点城市在提升能源利用效率方面取得了一定成效，实现了电能的有效利用。同时，工业部门用电比重逐步降低，高耗能行业能源利用效率提升显著。

1.2.3　低碳试点城市社会维度发展评估

1. 公共交通发展情况

交通运输业是石油消费的重点行业，其用能的 95% 来自化石燃料，是温室气体和大气污染物排放的主要来源之一。随着我国经济社会的高速发展，我国城市交通需求迅速提升。在交通运输服务舒适性、快速性、便捷性得到大幅提升的同时，我国城市交通面临着运输需求和碳排放高速增长的双重压力，城市交通的低碳转型已成趋势。新兴共享出行对城市运输结构产生了重大影响；新能源交通技

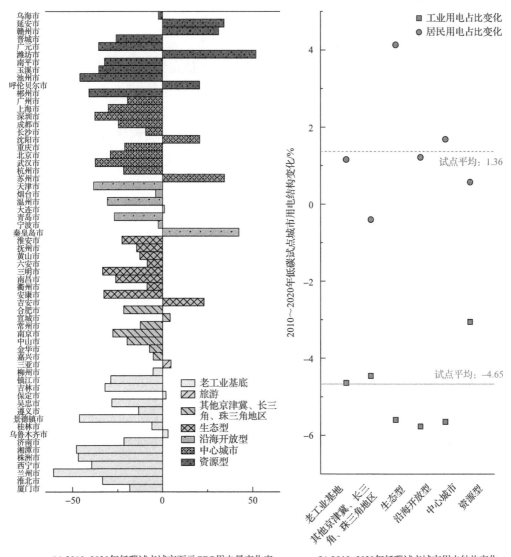

(a) 2010~2020年低碳试点城市万元GDP用电量变化率　　(b) 2010~2020年低碳试点城市用电结构变化

图 1-6　2010～2020 年低碳试点城市用电强度变化情况

术革新、替代能源的出现以及交通政策与机制的创新，为城市交通的低碳转型提供了良好的机遇。

各试点城市从推进公共交通基础设施建设和提高公共交通出行规模等方面对构建低碳交通体系进行了持续探索。万人拥有公交车数量是衡量城市公共交通建设水平和可得性的重要指标。图 1-7 展示了 2010～2020 年各类型低碳试点城市公共交通体系建设的发展趋势。从变化率角度分析，资源型城市的万人拥有公共汽车数量增长幅度最大，为 92.6%，其中玉溪市在所有资源型城市中涨幅最大，为 309.89%。所有类型的试点城市万人拥有公共汽车数量在 10 年间均有正增长，但同类型城市的增长率却有一定的差距，资源型和老工业基地城市发展差异最大，沿海开放型城市发展最为平均。除沿海开放型城市外，其他类型城市中，均有部分城市的万人拥有公共汽车数量出现了负增长。老工业基地城市淮北市(−58.27%)，生态型城市衢州市(−45.81%)，资源型城市金昌市(−35.00%)，其他京津冀、长三角、珠三角城市金华市(−8.06%)和中心城市上海市(−6.85%)分别为各类城市中万人拥有公共汽车数量减幅最大的城市。因此，从整体来看，低碳试点政策有力地推进了以公共交通建设为代表的城市低碳交通体系构建，公共交通可得性的大幅提升为低碳试点城市的交通部门低碳转型提供了支撑，是减少交通部门碳排放的重要保障。

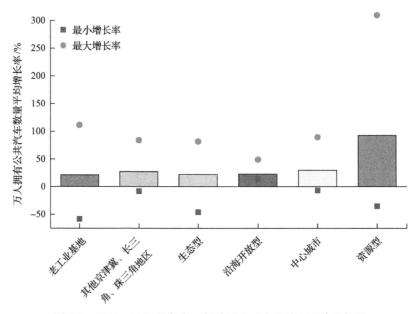

图 1-7　2010~2020 年各类型低碳试点城市公共交通建设情况

2. 城市垃圾处理

生态型、中心型城市和其他京津冀、长三角、珠三角城市的生活垃圾无害化处理率较高，资源型城市偏低。2010 年，61 个样本城市中生活垃圾无害化处理率达到 100%的城市共 25 个，无害化处理率最低的城市为南平市(35.35%)。2016 年，共有 34 个城市的生活垃圾无害化处理率达到 100%，无害化处理率最低的城市为兰州市(40.40%)。

对比 2010 年与 2020 年各低碳试点城市垃圾无害化处理情况，资源型城市的生活垃圾无害化处理率增长幅度最大，为 46.85%，如图 1-8 所示。南平市在所有资源型城市中涨幅最大，2010~2020 年该市生活垃圾无害化处理率增长了 172.64%。其他京津冀、长三角、珠三角城市的生活垃圾无害化处理率增长幅度最小，仅为 3.14%。除生态型城市和中心城市外，其他类型城市中，均有部分城市的生活垃圾无害化处理率出现了负增长。老工业基地城市兰州市(−49.66%)、资源型城市赣州市(25.40%)、沿海开放型城市天津市(−6.00%)和其他京津冀、长三角、珠三角城市嘉兴市(−0.55%)分别为各类型城市中生活垃圾无害化处理率降幅最大的城市。

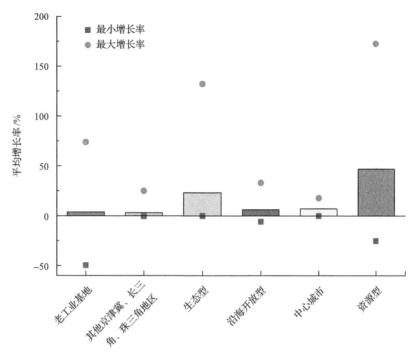

图 1-8 低碳试点城市垃圾无害化处理率增长情况

1.2.4 低碳试点城市环境维度发展评估

1. 大气污染治理

SO$_2$ 为无色有刺激性气体，易溶于水，在催化剂(如大气颗粒物中的铁、锰等金属离子)的作用下，易氧化成三氧化硫，遇水可变成硫酸，对环境起酸化作用，是大气污染的主要污染物之一。本书将 SO$_2$ 去除率作为指标，分析低碳试点城市在大气污染治理方面的进展情况。

2010 年，59 个样本试点城市中，SO$_2$ 去除率达到 75% 的城市共 11 个，SO$_2$ 去除率最高和最低的城市是同为资源型城市的金昌市(93.16%)和南平市(0.20%)。2016 年，共有 40 个城市的 SO$_2$ 去除率达到 75%，SO$_2$ 去除率最高和最低的城市分别为宁波市(95.45%)和广元市(22.19%)，不同城市间的差异有所减少。

从变化率角度分析，资源型城市的 SO$_2$ 去除率增长幅度最大，超过 1000 倍，如图 1-9 所示。南平市在所有资源型城市中涨幅最大，2010~2020 年该市 SO$_2$ 去除率增长超过 1 万倍。中心城市、沿海开放型城市和其他京津冀、长三角、珠三角城市的 SO$_2$ 去除率平均增幅最少，城市间的 SO$_2$ 去除率变化差异也更小。生态型城市中，SO$_2$ 去除率增幅最高和最低的城市分别为六安市和厦门市，前者为后者的 24.25 倍；

老工业基地城市中，SO_2 去除率增幅最高和最低的城市分别为吴忠市和株洲市，前者为后者的 450 倍。

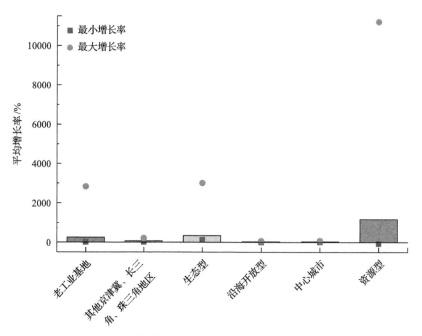

图 1-9　低碳试点城市 SO_2 去除率平均增长率

2. 碳汇建设

自然碳汇，是指通过植树造林、森林管理、植被恢复等措施，利用植物光合作用吸收大气中的 CO_2，并将其固定在植被和土壤中，从而减少温室气体在大气中浓度的过程、活动或机制。森林在应对气候变化等方面具有多重效益。增加森林碳汇是低碳城市建设的必然选择。本书以城市绿化覆盖率为指标，评估低碳试点城市在碳汇建设方面的工作进展。

总体来看，中心城市、生态型城市的绿化覆盖率较高，资源型城市和老工业基地城市的绿化覆盖率偏低。2010 年，绿化覆盖率最高和最低的城市分别为成都市和朝阳市，前者绿化覆盖率为后者的 3.59 倍。2020 年，绿化覆盖率最高和最低的城市分别为北京市和呼伦贝尔市，前者绿化覆盖率为后者的 2.74 倍。不同城市间的差异有所减少。

从变化率角度分析，资源型城市的绿化覆盖率增长幅度最大，为 9.37%。老工业基地城市(7.85%)和沿海开放型城市(7.60%)次之(图 1-10)。中心城市的绿化覆盖率的平均变化率为负(–1.17%)，是所有类型城市中唯一出现平均绿化覆盖率负增长的一类。沿海开放型城市温州市在所有样本城市中涨幅最大，2010～2020 年该市绿化覆盖率增长了 71.52%。其他类型城市中，资源型城市延安市(59.00%)、老工业基地城市朝阳市(56.27%)、中心城市武汉市(21.45%)和其他京津冀、长三角、珠三角城市宣城市(18.19%)及生态型城市安康市(16.20%)分别为各类城市中绿化覆盖率涨幅最大的城市。

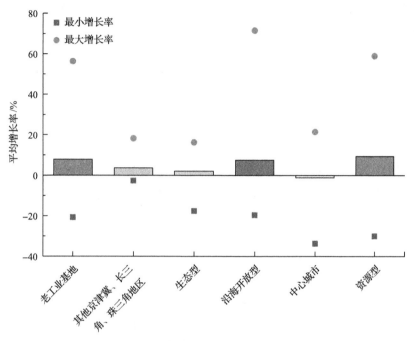

图 1-10　低碳试点城市绿化覆盖率

1.3　城市低碳建设的基本特点与标准规范

本书比较分析了国内外低碳城市建设的具体实践,分析了其共性和特色并提出了我国低碳城市建设的一般模式及实现路径,为我国低碳城市建设提供理论思路及一般性的解决方案。城市低碳建设的基本特点与标准规范如下。

(1)低碳城市规划目标具备单一性和灵活性,即把促进城市总的碳排放量降低一定数量作为最重要的目标,但是实现目标的方式多种多样。例如,减碳目标的设定基本是依照英国政府承诺的在 2020 年全英国 CO_2 排放量在 1990 年水平上降低 26%~32%,2050 年降低 60% 来进行。日本低碳社会规划考虑了两种情境,可以依据实际情况进行选择。两种模式的思维方式不完全一样,模式 A 侧重于城市集中地区形成高密度、高科技的社会方式;模式 B 则侧重将人口、资源分散化,倡导一种轻松、悠闲的生活方式。

(2)低碳城市的主要实现途径是推广可再生能源应用、提高能效和控制能源需求。例如,在布里斯托市的《气候保护与可持续能源战略行动计划 2004/6》中,控制碳排放的重点在于更好的能源利用,包括减少不必要的能源需求、提高能源利用效率、应用可再生能源等。

(3)低碳社会规划重点领域的多元性及侧重性。低碳社会规划在强调所有部门共同参与原则的同时，在具体实施上有所侧重，尤其以交通、住宅与工作场所、工业、消费行为、林业与农业、土地与城市形态等为低碳转型的重点领域。2000 年布里斯托市碳排放量中，住宅和商用建筑的碳排放量占 37%，交通占全部碳排放量的 36%，工业碳排放量占 22%。伦敦市碳排放总量中，家庭住宅占到 38%，商用和公共建筑占 33%，而交通占 22%。因此低碳城市的重点在于降低工业、建筑运行和交通这三个领域的碳排放。

(4)低碳城市规划强调战略性和实用性相结合。在提出可测量的碳减排目标和基本战略的同时，实现途径的选择强调实用性，以争取最大限度的公众支持。如在《伦敦应对气候变化行动计划》中专门指出，存量住宅是伦敦最主要的碳排放部门（占全市碳排放量的 40%），但只要三分之二的伦敦家庭采用节能灯泡，每年能够减少 57.5 万 t CO_2 排放；如果所有炉具都转换为节能炉具，则能够再减少 62 万 t CO_2 排放。

(5)低碳城市建设强调技术、政策和公共治理手段并重。在推广新技术、新产品应用的同时，构建鼓励低碳消费的城市规划、政策和管理体系。政府发挥引导和示范作用，综合运用财政投入、宣传激励、规划建设等手段，鼓励企业和市民的参与，并结合城市实际情况，通过重点工程带动低碳城市的全面低碳发展。

(6)低碳社会实现途径中体现各部门共同参与以及政府的主导性。日本低碳社会规划的第一条原则就是在所有部门实现碳排放的最小化，最大限度挖掘各部门的碳减排潜力：企业应开发温室气体排放量少的商品；民众也应改变生活方式，选择环保产品；向普通家庭普及太阳能电池板；推广高效的热泵；政府应加强公共交通网络建设；根据对环境的影响征收环境税，完善相关制度，促进有利于温室气体减排的经济活动；城市建设应推行紧凑的城区布局，让居民徒步或依靠自行车就能方便出行；农村应推广使用生物燃料的汽车；引进高效、低价的可再生能源。值得一提的是，该计划还特别强调低碳基础设施的发展，从制度设施、软设施、硬设施和自然资本等方面给地方政府提供政策工具参考。

1.4　低碳城市的内涵与概念界定

低碳发展是以低碳经济为发展形态、以低碳生活为市民理念和行为特征、以低碳城市为政府建设目标的大体系，涉及低碳的能源结构、低碳的城市建设、低碳工业行业的选择、低碳的消费模式、低碳技术支撑等。低碳经济概念于 2003 年发布的英国能源白皮书《我们能源的未来：创建低碳经济》中首次提出，指出"低碳经济是通过更少的自然资源消耗和更少的环境污染，获得更多的经济产出，低碳经济是创造更高的生活标准和更好的生活质量的途径"。张梦思(2015)指出,低碳经济是在可持续发展理论的指导下,通过技术创新、政策法规、产业结构调整、能源结构调整、开发利用清洁能源等手段,尽可能减少煤炭、石油等非可再生资源的消耗,减少温室气体排放,减少污染,达到经济发展和生态保护双赢的一种经济形态。为推动城市低碳发展,需构建由绿色能源体系、低碳产业结构及清洁生产技术、灵活控排的市场减排机制组成的低碳发展基础,并从节能、环保交通及绿色消费等方面实践低碳发展的理念,进而实现能源低碳化、经济发展低碳化、空间低碳化、技术低碳化与消费低碳化等目标。

"低碳经济"已成为具有广泛社会性的新兴经济理念。然而,低碳经济具体定义仍未达成统一。低碳经济作为一种经济模式,特点就是低能耗、低污染、低排放,该模式通过改进创新能源技术、制度,转变人类的思想观念,不断提高能源利用率,调整能源结构。发展低碳经济,就要改变人们的生产、生活方式以及思想价值观念。资源丰富、科技发展、消费方式、发展时期是低碳经济的四个基本要素(苗君强,2014)。

许多学者就如何实现低碳经济展开了丰富的研究。日本学者柳下正治(2007)通过研究日本居民消费、交通及工业部门的碳排放比重,从产业分布、交通和新能源技术等方面提出减少城市碳排放的措施。Treffers 等(2005)探讨了德国在 2050 年实现将碳排放量减少到 1990 年水平的 20%的可能性。Kawase 等(2007)把经济活动、CO_2 排放强度和能源效率作为碳排放量的三个重要影响因子,表明如果要使目前的 CO_2 排放量减少 60%～80%,能源利用率须较前 40 年改进 2～3 倍才能实现。Randers(2007)研究了挪威将 CO_2 减排作为目标的问题,指出挪威计划到 2050 年要减排 CO_2 到当前的三分之一,并提出实现这个目标的具体步骤。Hansen(2007)从侧面提示中国应该解决哪些问题来更好地实现自身低碳经济的发展。

张坤民等(2008)提出:从根本上来说,低碳路径要构造高效的能源利用结构,关键是制度、技术和发展理念的转型和变革。选择走低碳之路,注定要面临关乎生产生活方式、核心价值理念以及国家利益的根本性变革。低碳之路还面临着有关责任分配、科技改进和财务管理等诸多方面的难题。王彦佳(2010)从低碳经济与中国经济发展的角度研究,认为在宏观层面上降低 GDP 碳排放强度的方针十分明确,即从调整产业结构、转变经济增长方式、提高能源效率和开发可再生能源四个方面入手。实现低碳发展目标要靠政府继续出台发展低碳经济的政策,并将政策落到实处。杨芳(2010)基于发展低碳之路与变革产业发展模式的关系,表明科技进步很大程度上影响着低碳能源经济的发展,并且对于创建低碳的发展路径起着不可替代的作用。同时还表明,技术的发展和创新是低碳路径的核心所在,特别是低碳技术的改进和创造,会直接关系到我国可持续发展目标中经济、环境和能源三要素是否能够和谐并存。另外,为减少温室气体排放而构建合理可行的政策激励机制也是处理全球环境恶化难题中至关重要的因子，关系到能否加速能源科技的发展、传播和普及。李晓燕和邓玲(2010)从地区化方向出发，将我国北京市、天津市、上海市、重庆市四个直辖市的城市低碳路径进行了全面、综合的调查与分析。

学者从不同的角度，采用不同的方法对低碳经济发展进行了深入的研究，其中也不乏对具体减排模式的探索。比如在政策工具的选择中，研究人员对采用市场工具基本无异议，但是在具体工具选择上，特别是在是使用碳税还是使用排放权交易方面，存在较大的分歧。总体来看，贺菊煌(2002)、Stiglitz(2006)、Nordhaus(2007)、胡鞍钢(2008)、王金南等(2009)、汪曾涛(2009)和张宁(2010)等认为，碳税是一个较好的政策，在我国开征碳税具有政策和技术上的可行性。相反的观点，如高鹏飞和陈文颖(2002)等认为碳税的影响可能较大，魏涛远(2002)、周剑和何建坤(2008)也认为碳税短期内影响较大，而长期则较小，短期内不宜引入。苏明等(2009)认为，碳税从静态视角来看会导致 GDP 的下降，从动态的角度来看，对 GDP 的负面影响随时间而增加。而曾刚(2009)和中国环境与发展国际合作委员会中国低碳经济发展途径研究课题组(2009)则认为，短期内应该征收碳税，而长期来看，中国应该实行碳交易。Keohane(2009)、姜砺砺(2010)则支持碳交易或是短期内应该优先推出碳交易。崔大鹏(2003)则提出了将总量控制与交易、碳税和政策与措施三者相结合的综合方案。

综合前人提出的理论及研究，将低碳城市定义为：通过经济发展模式、消费理念和生活方式的转变，在保证生活质量不断提高的前提下，实现有助于减少碳排放的城市建设模式和社会发展方式。低碳城市强调以低碳理念为指导，在一定的规划、政策和制度建设的推动下，推广低碳理念，以低碳技术和低碳产品为基础，以低碳能源生产和应用为主要对象，由公众广泛参与，通过发展当地经济和提高人们生活质量为全球碳排放做出贡献。低碳城市的发展模式应当包括以下内涵。

(1)可持续发展的理念。低碳城市的本质是可持续发展理念的具体实践。因此，应当立足中国仍然处在城市化加速阶段和人民生活质量需要改善的国情，在努力降低城市社会经济活动的"碳足迹"、实现可持续城市化的同时，满足发展和人民生活水平提高的需求。

(2)碳排放量增加与社会经济发展速度脱钩(decoupling)的目标。基于可持续发展理念，中国低碳城市不宜与西方城市一样采取以碳排放总量为目标，而应考虑中国国情，以降低城市社会经济活动的碳排放强度为近期目标，首先实现碳排放量与社会经济发展速度脱钩的目标，即碳排放量增速小于城市经济总量增速。其长期和最终目标则是城市社会经济活动的碳排放总量的降低。

(3)为全球碳减排做出贡献。城市发展活动，特别是生产活动，对全球温室气体减排做出贡献。需要强调的是，从全球尺度来看，低碳发展的目标只有一个，即全球碳排放的减少。

(4)低碳城市发展的核心在于技术创新和制度创新。一方面，城市发展的低碳化需要低碳技术的创新与应用，只有掌握核心技术，才能在低碳经济发展中处于有利的位置。需特别关注提高能源使用效率的节能技术与新能源的生产和应用技术，这是城市实现节能减排目标的技术基础。另一方面，低碳城市发展需要公共治理模式创新和制度创新。

第2章 城市低碳发展评估理论研究

2.1 城市低碳发展评估研究背景

全球气候变化带给人类的影响日益明显。能源消耗带来的二氧化碳排放被认为是温室效应的主要来源。2018 年，全球能源相关二氧化碳排放量上升 1.7%，达到 331 亿 t 的历史新高。而中国二氧化碳排放量约占全球的三分之一，增长率为 2.5%。据国际能源署（International Energy Agency, IEA）估计，由于能源使用，全球城市消耗了世界 76%的煤炭、63%的石油和 82%的天然气。伴随我国城镇化发展的快速推进，2016 年我国城市碳排放已约占全国碳排放总量的 85%。

为了应对气候变化和全球变暖，世界许多城市及国际组织都在积极推进低碳城市的建设。在快速城镇化和工业化的背景下，低碳城市建设也成为我国寻找新的经济增长点，实现低碳和可持续发展的必经之路。自 2010 年 7 月国家发展和改革委员会发布《关于开展低碳省区和低碳城市试点工作的通知》后，我国已分别于 2010 年、2012 年和 2017 年分三批启动了国家低碳省区和低碳城市试点工作，先后确定在 6 个省份、81 个城市开展城市低碳发展的探索性实践。现有的 81 个低碳试点城市涵盖了我国东、中、西和东北部广泛地域，包括了中心城市、沿海开放型城市、生态型城市、旅游城市、资源型城市、老工业基地城市以及其他京津冀、长三角、珠三角城市等，基本包含了我国不同发展阶段和资源禀赋特点的地区。

2020 年，中国在联合国大会一般性辩论和气候雄心峰会等重要会议上，提出了争取 2030 年前碳达峰、2060 年前碳中和、2030 年碳强度下降 65%、非化石能源比重达到 25%等中长期战略目标。这些发展目标对城市低碳发展提出了新的要求。城市低碳评估紧密联系《中华人民共和国经济和社会发展第十四个五年规划和 2035 年远景目标纲要》中关于"全面提升城市品质""推动绿色低碳发展"的相关要求，为促进国家绿色、科学、可持续发展和"双碳"目标的实现，研究新型城镇化下城市中长期低碳发展路径提供了理论与方法。

城市是一个复杂的系统，包括城市的物质空间环境和社会关系总和两个层面。由于城市所处的地域和文化特征各不相同，城市在发展和建设过程中面临的问题往往也各具特点。研究和评估低碳试点城市的低碳发展现状，需充分考虑其自身要素禀赋和发展特点，运用科学的分析工具进行深入分析，进而展开具有"可比性"的综合研究。我国的城市低碳建设仍处于初级阶段，在指导具体的城市建设与规划实践过程中，亟须明确的发展目标、设计规划与评价标准，从而引导城市能够将低碳发展的理念落实到城市规划、建设和管理的各个环节。通过建立一个具有普遍适用和科学性的低碳城市发展指标体系，可定量衡量各试点的低碳发展现状，分析其发展特点，有助于动态评估各试点的发展状况，并有针对性地提出城市低碳发展的模式与实现途径。

2.2　城市低碳发展评估的理论基础与政策导向

低碳经济、低碳社会、低碳城市等概念的提出与发展不断丰富着低碳城市建设评价的理论基础，同时也成为推动城市建设和管理创新的重要政策依据。以低碳经济概念的提出为起点，城市低碳发展的内涵与外延在国内外研究机构和专家学者的研究中不断被完善与深化。不同国家对低碳发展的理解也更加多元化。例如，在低碳经济发展的总目标下，提高经济系统的投入-产出效率成为英国低碳经济建设的发展重点。各经济主体致力于在发展经济的同时减少对自然资源的消耗和对环境的污染，创造先进技术的研发、推广和输出途径同时提供新的就业机会，以实现更高的生活水平和更好的生活质量。相较而言，提高全社会的能源效率、大力发展可再生能源、实现能源结构的低碳化转型、促进低碳经济发展并创造就业则是欧盟国家低碳经济建设的主要路径。

与低碳经济侧重供给侧低碳化的内涵相比，低碳社会将需求侧的低碳发展纳入考虑范围。在保障社会经济稳定、持续发展的同时，强调需求侧低碳响应的必要性。致力于通过深度挖掘消费者减排效力，实现人为产生的温室气体排放与自然界碳循环之间的平衡与协调，推动常规情景下"大量生产、大量消费、大量废弃"的社会经济运行模式向低碳的社会经济发展模式转型。

习近平同志在党的十八届五中全会上提出了创新、协调、绿色、开放、共享的新发展理念。低碳城市这一概念在中国被赋予了更广阔的含义。作为一种新的城市建设、发展和运营模式，城市的低碳发展不仅要具有经济低碳发展的低碳排放和高生产力特点，还应具有"全体居民共享现代化建设成果"的包容性发展特征，并具备有利于全体居民低碳人文发展的政策导向。因此，在中国建设新型城镇化的大背景下，确保城市的低碳发展，既需要在供给侧从产业和技术方面大力发展低碳经济，也需要在需求侧从消费结构和绿色生活方式、绿色消费模式方面加快低碳转型。

在明确低碳城市理论内涵的基础上，城市低碳发展综合评估指标体系的构建需要紧密联系国家低碳发展战略与相关宏观政策。从经济部门分类和比较分析的视角出发，电力、交通、工业、居民和商业部门是发达国家和地区的碳排放密集型部门。在碳减排宏观政策方面，相关国家则主要通过制定应对气候变化专项行动方案，并将其纳入综合性规划和长远发展战略目标体系中，进而提出零碳城市、绿色宜居城市、韧性城市（社区）、气候友好型城市等城市低碳发展愿景，推动气候变化应对与城市治理的有机统一，以实现降低城市碳排放、改善城区环境质量、改善公共服务体系的服务质量并保障城市区域经济协调稳定发展的综合治理目标。碳排放约束下的经济和社会福利增长、多元化的社会生态环境以及城市公共产品和服务质量保障则成为这些国家评价城市低碳发展绩效水平的基本框架和关注重点。

从城市碳排放清单的部门排放结构来看，我国城市的碳排放大多集中在能源、工业加工、建筑、交通和垃圾处理等领域。"十一五"期间低碳发展主要以节能减排政策为依托，引领产业低碳转型升级。在试点项目选择上，强调申请试点省市的积极性，以及试点城市在打造行业低碳样本方面的工作意愿和领先优势。"十二五"期间，采用以城市为主、省区为辅的低碳发展模式，强调顶层设计和规划的重要性。试点遴选中，通过组织推荐和公开征集，统筹考虑申报城市的工作基础、试点布局的代表性、城市特色和比较优势，组织专家对申报试点省市进行筛选。政策主要重点是对试点地区重点排放源和温室气体排放基地的摸排统计，以及对试点地区碳排放权交易基础设施和能力建设的大力支持。"十三五"期间，围绕建设美丽中国和可持续发展，各地将低碳试点建设视为新经济常态下培育城市新增长点、拓展城市发展空间的重要抓手。在确立试点城市时，不仅将试点实施方案、工作基础、各申报地区试点布局的示范性和代表性等作为参考依据，还注重申报地区基于未来减排潜力的碳排放峰值目标的先进性、低碳发展制度和体制机制的创新性。"十四五"期间，以碳达峰、碳中和目标为指引，试点城市须将"双碳"目标纳入本地区国民经济和社会发展年度计划和政府工作重点，明确低碳城市建设绩效考核制度，发挥低碳发展规划的综合引导作用，实施近零碳排放区示范工程，进一步突破各地区低碳政策的产业局限，努力探索适合本地区经济发展特点和要素禀赋的碳达峰、碳中和发展路径。总体而言，我国的低碳城市试点建设已从培育行业低碳示范发展到建立工业、能源、建筑、交通等低碳产业体系和低碳生活方式，进而成为满足国家重要战略需求的重要发展途径。低碳城市发展综合评估则为积极稳妥有序推进城市低碳发展提供了有效的理论指导依据和政策分析工具。

2.3　城市低碳发展评估的经验与实践

国内外许多学者就城市低碳发展的评价问题进行了大量的理论研究和实践探索，形成了各具特色的研究成果。部分学者基于全生命周期理论，对城市各部门碳排放进行评估，进而对城市整体低碳发展开展评价；部分学者从经济发展与其对环境影响程度的关系入手，定量分析城市低碳发展水平；一部分研究聚焦人类活动与自然环境之间的因果关系；还有一部分研究则从可持续发展的经济、社会、环境三大基本支柱的角度构建指标体系。

2.3.1　城市全生命周期碳排放评估

生命周期评估(LCA)模型和碳足迹分析方法在产品、活动和项目层面的碳排放核算和评估领域已被广泛应用。近年来，相关学者将这类方法的研究尺度进一步提升至城市层面，基于城市家庭能源消费的碳排放核算或结合环境投入-产出数据库的使用，以及碳源、碳汇的产生过程来设定评价指标体系，对城市碳排放开展全生命周期评估。这类低碳发展评估研究从国家或城市地区物质和能源消费总量的视角核算样本地区的碳排放量，并进行直接/间接排放、输入/输出排放差异或贸易隐含碳的比较。

关于部门间温室气体排放结构的研究，目前主要集中于直接排放和隐性排放两大类。直接排放研究关注特定地区行政边界内各部门的排放，核算方法主要以联合国政府间气候变化专门委员会(Intergovernmental Panel on Climate Change, IPCC)指南为依据。国际上主要的温室气体排放数据集大多采用 IPCC 指南的参考方法，如联合国气候变化公约数据集、国际能源署数据集、世界资源研究所数据集及美国能源信息管理局数据集等。国内也有学者及研究机构基于 IPCC 指南对我国部分部门的温室气体排放进行了研究。但是，由于这类方法存在碳泄漏(carbon leakage)等问题，因此有学者提出从需求视角研究各部门引起的隐含温室气体排放。需求视角的隐性碳排放核算主要利用环境投入-产出法核算各部门最终需求引起的隐含碳排放。近年来我国学者开始关注隐含碳排放问题，研究集中在中国进出口贸易中各部门产品的隐含碳排放，最近也从部门需求的角度进行研究。但是现有研究多从直接排放或隐含排放单个视角分析部门温室气体排放结构，缺少整合两种视角的统一分析框架。

在运用定量方法进行城市低碳发展评估研究方面，张良等(2011)从碳源/碳汇角度，围绕工业低碳、交通低碳、建筑低碳和土地碳汇四个方面，构建了低碳城市评价指标体系；谈琦(2011)从碳排放的产生、处理及最终结果出发，将技术经济、空气环保和城市建设作为评价准则，选取 13 个指标对城市低碳展开评价。此外，还有一些研究采用影响因素分解法，根据碳排放核算范围开展指标选择。例如，林剑艺等(2014)基于 IPCC 碳排放核算指南的部门分类，将影响每个部门碳排放的因素作为指标，这些指标体系的应用在空间区域上集中在四个直辖市以及省会城市，关键原因是评估指标基础数据的可获得性。

2.3.2　基于脱钩模式的定量化评估指标体系

在经济发展的同时实现资源消耗或环境影响降低的现象为"脱钩"，脱钩现象是对人类社会与环境关系的一种抽象描述，众多学者针对这一现象进行了大量研究。20 世纪 90 年代以来，资源与环境问题逐渐突出，关于脱钩现象的研究被进一步深化，众多学者对脱钩的定义和内涵进行了多角度探讨。伴随着研究的深入，"脱钩"理论体系逐渐形成，"脱钩"理论透过简单的数量关系表征经济发展与资源环境消耗的内在联系，并可以进行面板数据的横向对比，对区域发展与碳排放趋势进行预测，获得了广泛的运用，成为评价区域低碳可持续发展的重要手段。

"脱钩"理论以经济发展与环境影响的数量关系为对象，若以 GDP 代表经济发展状态，以 CO_2 排放量表示环境影响状态，则 $\Delta GDP > 0$，$\Delta CO_2 > 0$，且 $\Delta GDP > \Delta CO_2$ 时称为相对脱钩[图 2-1(a)]；$\Delta GDP > 0$，$\Delta CO_2 < 0$ 时称为绝对脱钩[图 2-1(b)]。相对脱钩阶段是绝对脱钩阶段的必要条件，低碳城市建设目标，即通过技术、管理与政策的综合作用，实现相对脱钩向绝对脱钩的转变。相比于其他的低碳发展评估模式，"脱钩"评估模式注重于时间序列推演，综合历史趋势分析与未来发展状况的预测，其"相对脱钩"模式对应当前我国提出的单位 GDP 减排指标，更具有针对中国国情的指导意义，从长远来看，实现经济发展、资源消耗与污染物排放的"绝对脱钩"，是翻越"环境高山"实现低碳可持续发展的必然途径。

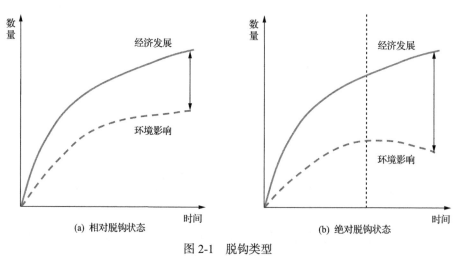

图 2-1　脱钩类型

为考察城市发展过程中的经济、环境和资源消耗变化，兼顾指标的可测量性与可核证性，以层次性、可测性、代表性和全面性作为指标选择原则，参考经济合作与发展组织(Organization for Economic Cooperation and Development, OECD)在脱钩方法学中的指标体系，相关学者建立了针对低碳城市发展的"脱钩"指标体系。该类体系以"脱钩"模式为评价目标，以经济发展、碳排放、污染物排放与经济发展等为准则。在准则层下细分具体指标时，通常以 OECD 关于"脱钩"方法论的相关文献为依据，并结合中国城市尺度的数据可获得性，通过相关专家咨询，筛选具体指标的定量化指标体系。利用基于单位 GDP 碳排放量和能源消耗的"脱钩"模式，可以构建适合于现阶段中国国情的低碳城市评估指标体系，该类评估着眼城市发展过程经济与环境、资源的相互关系，避免了总量评估模式中忽略经济发展因素导致的片面性。

2.3.3 "驱动力-压力-状态-影响-响应"指标评估

城市低碳发展的目标是为了应对能源、环境和气候变化的挑战，以实现在全球范围内控制温室气体排放总量。城市中各主体通过技术创新、提高能效和能源结构清洁化、能源消费低碳化等途径为城市系统性低碳转型贡献力量。低碳发展是在一定的碳排放约束下碳生产力和人文发展均达到一定水平时出现的一种必然发展阶段。城市的低碳发展必须以发展经济、保护环境和优化资源配置三个方面为立足点，以实现经济发展、生态保护和社会平等的协同发展为目标。对于城市低碳发展的相关研究应将资源科学、环境科学和社会科学等领域进行有效结合，因此，部分学者将"驱动力-压力-状态-影响-响应"（Driving Force-Presure-State-Impact-Response，DPSIR）模型引入相关研究，将复杂的城市低碳发展评估问题明确化，同时将分解的经济、生态和社会维度评估有效结合。

20 世纪 80 年代末 OECD 提出了"压力-状态-响应"（Presure-State-Response，PSR）模型。PSR 模型被用于构建核心环境评估指标，并应用于 OECD 国家关键环境问题的分析。此后，联合国在此基础上提出了"驱动力-状态-响应"（Driving Force-State-Response，DSR）模型，并构建了一套可持续发展评估指数。此后，欧洲环境局综合前两种评估体系的优点，提出"驱动力-压力-状态-影响-响应"（Driving Force-Presure-State-Impact-Response，DPSIR）模型。总体而言，DPSIR 模型是 PSR 模型的扩展和修正，增加了造成"压力"的影响因素"驱动力"以及当前所处状态对人类健康和资源环境的影响。

DPSIR 模型能够有效地刻画人类活动与自然环境之间的因果关系。人类的生产、消费等行为给自然环境施加了压力，进而导致自然环境状态发生变化；自然环境具有相应的功能，其状态的变化会作用于人类，迫使人类做出相应的反应，在一定程度上改变人类的生产和消费模式。因此，DPSIR 模型被广泛应用于分析资源环境-经济社会方面的问题。基于 DPSIR 模型的资源环境-经济社会分析框架如图 2-2 所示。

DPSIR 模型强调人类经济活动对生态环境的影响以及生态环境对人类经济活动的反作用，具有综合性、系统性、整体性、灵活性等特点。其中，"驱动力"是造成气候和环境变化的潜在因素，主要包括城市社会经济活动和产业的发展趋势；"压力"是指人类活动对自然资源环境的影响；"状态"是指环境在上述压力下所处的状况，主要表现为区域的资源消费状况和碳排放及环境污染水平；"影响"是指上述气候和环境状态对社会经济环境的影响；"响应"表明人类在应对环境的各种影响时采取的对策和制定的积极政策。由于 DPSIR 模型的内涵与可持续发展理念有较高的契合度，相关学者运用复杂系统论，从生态系统和社会福利角度对该模型进行了不同拓展，从政策、社会和经济等方面对生物系统多样化风险、海洋富营养化、海洋环境决策等问题进行了分析。

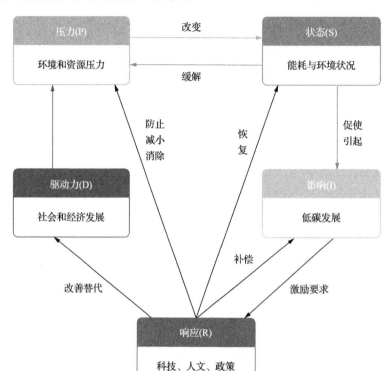

图 2-2　基于 DPSIR 模型的资源环境-经济社会分析框架

DPSIR 模型具有很强的适用性。部分学者运用 DPSIR 模型，将人类需求、社会进步、经济发展、能源需求、碳排放等要素纳入低碳发展综合评估中，从而弥补了低碳发展综合评估片面关注资源状况与低碳消费或经济发展与碳排放的不足。Song 等（2012）以及 Hu 等（2014）采用该模型对京津冀、长三角区域城市开展低碳评估。相关评估体系能够充分反映城市低碳发展作为一个涉及人类活动与自然资源相互影响、相互作用的复杂系统的特点，体现了城市低碳发展综合评估强调城市在经济、环境与社会等方面协调发展的重要目标。但这种方法在城市低碳评估中的应用尚有不合理之处，由于驱动力指标与状态指标之间没有必然的逻辑联系，导致一些社会、经济指标是属于"驱动力"还是"状态"的区分度不够明晰。

2.3.4　"经济-环境-社会-文化"指标评估

低碳城市以城市空间为载体，发展低碳经济，创新低碳技术，实施绿色交通和建筑，转变居民消费观念，实现低碳生活方式，从而最大限度地减少温室气体的排放。低碳城市建设是一项复杂的系统工程，绝不仅是单纯减少温室气体排放量。低碳城市的建设途径是在发展经济的同时，从能源及生态角度，运用低碳技术、低碳政策达到生产方式、消费方式、基础设施的低碳化，最大幅度减少温室气体排放量，建立高效率、可持续发展的宜居环境。与之相对应的是，从可持续发展的经济、社会、环境三大基本支柱的角度构建城市低碳发展评估指标体系，强调城市低碳发展评估指标体系是一个涉及能源利用、经济发展、环境保护、社会稳定等多方面协调、有序发展的统一体。这些指标体系的建立，旨在尽可能包含城市低碳发展的各个目标及实现途径，反映城市经济发展、能源消费、碳汇、生态环境等各方面状况，使评估指标和评估目标构成有机联系。

从可持续发展的经济、社会、环境三大基本支柱的角度构建城市低碳发展评估指标体系，基于样本城市类型，对样本城市的低碳、环保、经济社会发展进行单项指数分析，定量评估样本城市低碳、环保、发展三者之间的相互关系，探究促进三者协调发展的有效途径。中国社会科学院从经济转型、社会转型、设施低碳、资源低碳和环境低碳五个方面构建了中国城市低碳发展评估综合指标体系；王玉芳（2010）根据数据的可获得性以及对经济、低碳和社会发展三大体系的理解，提出以低碳发展为核心，以经济发展为手段，以社会发展为基础的城市低碳发展评估指标体系。此类城市低碳发展评估指标体系主要应用于地级及以上城市，但评估结果缺乏对相关城市低碳发展的动态评价。

2.4　城市低碳发展评估的问题与挑战

当前，城市低碳发展相关指标体系的研究虽然数量较多，但仍不能满足检测、评估、指导和促进城市低碳发展实践的需求。我国城市低碳发展综合评估研究的现状是缺乏系统的理论支撑且实践推广难度较大，影响力有限。在对城市的低碳发展状况进行评估时，既没有对评估的结果进行跟踪对比，也难以提出下一步切实有效的低碳发展政策指引和低碳建设路线图。概括而言，存在的问题和挑战包括五个方面：缺乏系统理论支撑、应兼顾城市共性与个性、缺乏对基准值的分析、需实现评估智能化以及评估体系缺乏实践检验。

2.4.1　城市低碳发展评估缺乏系统的理论支撑

目前，我国的低碳发展评估指数研究数量繁多，但这些指标并未构成统一而完善的评估体系。已有的评估方法大多以满足工作需求为目的，指标选取依赖于地域性和数据限制，缺乏足够的理论支撑，适用性和系统性较差。因此，这些评估指数结果也无法与国际相关研究结果进行比较。因此，需要总结归纳国际上通行的低碳城市建设评价标准的共性与差异性，分析不同评价体系的先进性和局限性，以探索建立标准化的城市低碳发展综合评估体系和智能化的低碳城市建设评估平台。此外，还应以低碳试点城市建设为抓手，细化生态发展在碳减排方面的要求，捕捉城市低碳发展的共性特征，形成专门推动我国城市低碳发展的规范或标准。将国际标准化研究作为理论基础，基于统一的规范，逐步构建我国的城市低碳发展综合评估体系。

2.4.2　城市低碳发展评估应兼顾城市共性与个性

我国幅员辽阔，各城市因要素禀赋、经济基础等方面的差异，其低碳发展路径和能源结构存在很大不同。因此，在构建城市低碳发展综合评估体系时，应在研究共性规律的基础上，适度分类，体现城市发展的个性。城市低碳发展研究应在共性和个性间寻找到最优的平衡点，既保证评估体系的统一性与评估结果的可比性，也要在一定程度上贴合特定类型城市的实际发展特点，充分考虑各类城市低碳发展的客观限制条件。对于不同类型的城市低碳发展进行评估并提出切实可行的政策建议，涉及城市经济、社会以及生产生活的方方面面，是一个复杂的系统工程，因此必须要在科学理论指导的基础上进行实践，坚持评估与建设的科学性、系统性。

2.4.3　城市低碳发展评估缺乏对基准值的分析

我国的城市低碳发展综合评估体系研究多数仅聚焦在城市的排名、分类及空间差异上，但缺少对低碳城市基准值的制定和统一的评价标准。已有的评估体系仅运用相对标准对城市低碳发展现状进行评价，存在一定的局限性。因此，除了现状评价外，低碳发展评估还需设定绝对的评价标准，为城市的低碳发展建设确立明确目标。另外，针对重要时间节点，如2030年前碳达峰、2060年前碳中和等关键年份，不同城市的低碳发展也需要确立明确的评价标准和发展目标。这就需要我们建立普适性的城市低碳发展评估标准。具体地说，一是综合考虑全球碳排放约束和核心指标的历史发展规律，形成普适性的城市低碳发展评估标准；二是结合中国城市分类给出基准值，通过城市现状评估与普适性城市低碳发展评估标准的比较对标，最终形成城市重要时间节点的低碳发展路线图。

2.4.4　城市低碳发展评估须实现评估智能化

现代信息技术的飞速发展使得城市低碳发展智能评估成为可能。基于信息技术的自动化、智能化城市低碳发展评估有助于及时、直观、形象地展示城市低碳发展水平，对低碳城市评估的同时还能够满足开展低碳城市建设政策分析的需求。具体地说，城市低碳发展智能评估就是从实用性的角度出发，开发政策工具包，将城市低碳发展评估体系内化为直观的人机交互系统，最大化地方便城市决策者及相关人员的掌握和运用。通过建立评估支持系统，包括设计数据库系统、模型库系统、知识库系统和人机交互综合系统等，实现低碳城市建设与评估过程的自动化和可视化。通过运行该系统，相关人员可以在了解城市低碳发展评估指数结果的同时，获得与之相对应的城市低碳建设行动计划和发展路线图。

2.4.5　城市低碳发展评估体系缺乏实践检验

目前的城市低碳发展综合评估体系研究主要是从城市低碳发展评估指标体系建立的原则、依据和评估方法出发，结合某一个具体城市低碳发展现状进行案例分析。多以理论探讨为主，缺乏实践检验。部分低碳发展评估指标体系仅在一个时间点上开展测试，并得到了特定年份的评估结果。及时更新和连续发布制度缺失，难以进行横向和纵向比较，因此，社会接受度也远未达到预期。城市低碳发展评估指标体系研究的难点在于使其应用到我国的城市低碳发展的评估工作中，并用来指导低碳城市建设的实践。因此，为满足我国城市低碳发展评估指标体系的数据需求，应对我国统计体系建设加以完善，提高监测数据的质量和应用。数据的可获得性对研究工作的开展至关重要。随着环境检测技术的迅速发展，各地区、各部门应高度重视应对气候变化相关的统计工作，特别是进一步加强二线和三线城市的数据统计。此外，还应立足于城市低碳发展评估指标体系推广中的人员、设备、资金需求，研究全面化的能力建设方案；着眼于国际城市低碳发展评估指标体系的标准化趋势，研究推动我国的标准化建设；立足于城市低碳发展评估指标体系的适用性，研究加强国家宏观战略的低碳导向，大力推动低碳发展指标纳入城市考核体系的进程。

第 3 章　城市低碳发展评估指标体系构建

3.1　指标体系设计的逻辑框架

城市低碳发展评估指标体系设计及应用逻辑如图 3-1 所示。在构建城市低碳发展评估指标体系时，为尽可能使指标体系包含城市低碳发展的各个目标及实现途径，在准备阶段，需明确评价的目的和意义，明晰城市低碳发展的概念和特征。城市低碳发展评估指标体系应以城市低碳发展的目标为导向，反映城市经济发展、能源消费、碳汇、生态环境等各方面状况。在构建阶段，首先，结合现有的低碳政策、规划和清单指南等，科学选取评估的重要领域，明确评估指标框架，从可持续发展的经济、社会、环境三大基本支柱的角度构建指标体系。其次，根据低碳相关性、内涵差异性、自身特色性、政策导向型原则，选取相关指标。再次，通过专家咨询、实地调研和统计分析等方法，以实用性和操作性为原则遴选相关指标。最后，采用

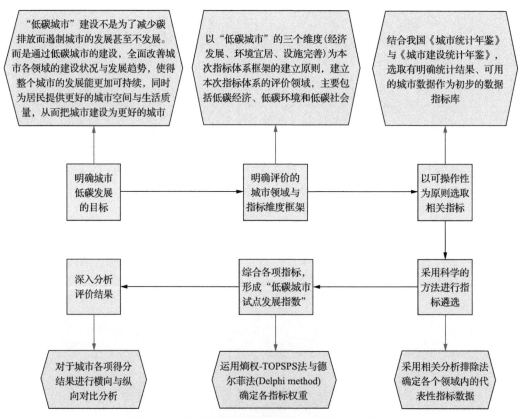

图 3-1　城市低碳发展评估指标体系设计及应用逻辑

科学的方法进行权重分配，形成具有理论基础、数据可得、应用和连续性强的城市低碳发展评估指标体系。在修正阶段，将指标体系应用于实践，并通过反馈，不断修正评估方法和评估指标，最终完成指标体系的构建。

3.2　城市低碳发展评估指标体系构建

3.2.1　理论基础与原则

可持续发展、生态文明、应对气候变化等概念的内涵与特征是推动城市建设和管理创新的重要政策依据，构成了城市低碳发展评估的理论基础。

1. 可持续发展

1987 年，世界环境与发展委员会出版《我们共同的未来》，将可持续发展定义为："既能满足当代人的需要，又不对后代人满足其需要的能力构成危害的发展"。可持续发展注重社会、经济、文化、资源、环境、生活等各方面协调"发展"。低碳城市符合可持续发展的可持续性、公平性、共同性原则，要求城市在实现经济繁荣的同时，保证公平性，倡导对生态环境的保护。低碳城市虽然在转型过程中可能出现经济增速放缓，但能提高经济增长质量，具有可持续性。同时，要素禀赋不同、发展类型各异的城市需要共同发展，不能出现发达城市把高碳产业不加限制地转移至不发达城市的情况，而是因地制宜，寻求不同方式的低碳发展路径。资源禀赋是决定城市低碳发展的物质基础，也是不同城市低碳路径选择的前提条件。非化石能源、新能源以及能够提供碳汇的森林等都是重要的低碳资源。

2. 生态文明

低碳发展与生态文明的指导思想具有共性，其本质都符合可持续发展理念。在发展方面，二者均要求在资源环境承载力范围内进行经济社会发展；在生产方面，要求以最小化的资源生产更多的产出，提高利用效率；在消费方面，要求注重节约，培育低碳消费观念等。

3. 应对气候变化

气候变化关系全人类的生存和发展，全球大部分国家已达成应对气候变化共识。中国已把应对气候变化作为实现发展方式转变的重大机遇，全面融入国家经济社会发展的总体战略。2020 年，中国提出了争取 2030 年前碳达峰、2060 年前碳中和的中长期战略目标，对转变经济发展方式、调整经济结构、推进生态文明建设和绿色低碳发展提出了新的要求。中国目前仍处于工业化与城镇化持续发展阶段，城市碳排放正处于倒 U 形曲线上升阶段。通过对城市低碳相关指标的考核，可以发现城市在减少碳排放方面的问题，更好应对气候变化，最终实现高质量发展。

3.2.2　城市低碳发展关键指标识别

　　城市低碳发展的目标并不是为了减少碳排放而遏制城市的发展甚至是不发展，而是通过低碳城市的建设，全面改善城市各领域的建设状况与发展趋势，使得整个城市的发展能够更加可持续，同时为居民提供更好的城市空间与生活质量，最终建设一个更好的城市。可持续发展的"三大支柱"是经济发展、社会发展和环境保护。低碳城市试点综合评估指标体系需对低碳城市试点的发展水平和质量进行客观与全面的描述，涵盖低碳经济、低碳社会和低碳环境等各方面。低碳城市试点综合评估指标的选取应遵循科学性、可行性和系统性。因此，本书从低碳经济、低碳环境和低碳社会三大领域评估城市的低碳发展水平，具体的低碳城市试点综合评估指标体系框架如图3-2所示。其中，低碳经济分析包括低碳生产、低碳消费。低碳环境指标结合废物处理、水污染治理和空气质量对各低碳试点城市进行评估。而低碳社会则以城市建设和社会发展为研究重点。

图 3-2　低碳城市试点综合评估指标体系框架

在确立指标维度的基础上，首先依据相关性等原则和因子分析、相关性分析等方法，选择了二氧化碳排放总量、人均二氧化碳排放量、单位 GDP 二氧化碳排放量、能源消费总量、煤炭占一次能源消费比重、城市公共交通站点 500m 覆盖率、万人公共交通拥有量、城市居民人均用水量、森林覆盖率等 45 个指标；其次，通过咨询专家与实地调研等方法对指标进行论证与修改，并结合可操作性等原则，将指标缩减至 33 个，增强了指标的针对性及评估体系的创新性与可操作性。

1. 低碳经济指标

低碳经济是指在可持续发展理念指导下，通过技术创新、制度创新、产业转型、新能源开发等多种手段，尽可能地减少煤炭、石油等高碳能源消耗，减少温室气体排放，达到经济社会发展与生态环境保护双赢的一种经济发展形态。

目前学界对低碳经济内涵有多种理解，主要有五种诠释：一是发展阶段论，即低碳经济与人类社会发展的阶段有关；二是发展模式论，即低碳经济是以低能耗、低排放、低污染为基础的新的经济发展模式，是经济增长与化石能源消耗脱钩的经济发展方式；三是社会经济形态论，即低碳经济是低碳发展、低碳产业、低碳技术、低碳生活等经济形态的总称；四是能源资源使用方式论，即低碳经济的实质是提高能源效率和清洁能源结构问题；五是物质流过程论，即在物质流各个环节，提高能源生产率、降低二氧化碳排放和增加碳汇。

产业发展方式的改变无疑是实现低碳经济形态最为重要的方面，因此，学界在界定低碳经济内涵时，必然涉及产业结构调整问题。以低能耗、低污染、低排放为基础的经济发展模式，其核心是通过新能源革命、制度创新和产业结构的调整，改变建立在传统化石能源基础之上的经济增长方式，以实现从高碳排放的工业文明向低碳排放的生态文明的革命性转型。产业模式的创新，即以低耗能、低排放、低污染为特征的低碳产业取代以碳基为主的产业结构。降低温室气体排放是低碳经济的主要关注点，其基础是建立低碳能源系统、低碳技术体系和低碳产业结构，发展特征是低排放、高能效、高效率，核心内容包括制定低碳政策、开发利用低碳技术和产品，以及采取减缓和适应气候变化的措施。经济低碳化具有两个方面的含义，一是能源消费的碳排放的比重不断下降，即能源结构的清洁化；二是单位产出所需要的能源消耗不断下降，即能源利用效率不断提高。因此，低碳经济发展归根到底是能源结构和产业结构调整问题。

本书的低碳城市试点综合评估指标体系选取了低碳生产和低碳消费两方面指标衡量城市经济发展的低碳程度。一方面，低碳生产是决定经济发展方式的重要因素，也是衡量低碳城市低碳化发展水平和生产质量的首要标志。另一方面，经济社会生产的最终目的都是为了满足消费需求，因此城市能源消耗及其碳排放从根本上受到全社会各种消费活动的驱动。交通部门碳排放是现代社会最重要的碳排放来源之一，低碳社会的一大特征就是要着力构建低碳化的现代交通体系。低碳交通是指人均能耗和排放都较低的交通体系，包括公共交通和采用低排放的交通工具等。因此，大力推进公共交通系统建设和努力开发低碳化的交通工具就成为建设城市低碳交通体系的主要路径。低碳城市试点综合评估指标中的经济指标所包含的两个方面的指标具体见表3-1。

表 3-1 低碳城市试点综合评估指标经济低碳指标

二级指标名称	三级指标	具体指标	指标方向
B1.低碳生产	碳排放强度	C1.单位 GDP 碳排放/(吨标准煤/万元)	−
		C2.单位 GDP 碳排放下降率/%	+
		C3.碳排放强度目标完成度/%	+
	能源强度	C4.单位 GDP 能耗/(吨标准煤/万元)	−
		C5.单位 GDP 能耗下降率/%	+
		C6.能源强度目标完成度/%	+
	产业结构	C7.第二产业占比/%	−
		C8.服务业占比增长完成度/%	+
B2.低碳消费	能源消费	C9.人均全社会用电量/[(kW·h)/人]	−
		C10.居民生活用电占比/%	+
		C11.人均生活用水量/L	−
		C12.人均煤气使用量/(m³/人)	−
		C13.人均天然气使用量/(t/万人)	−
		C14.人均液化石油气使用量/(t/万人)	−
	低碳生活	C15.万人拥有公交车数量/辆	+
		C16.人均公交使用次数/次	+
		C17.千人拥有出租车数/辆	−
		C18.人均公路货运总量/(t/人)	−

注：+表示城市低碳发展正面效应，−表示城市低碳发展负面效应。

2. 环境低碳指标

"十四五"时期我国生态环境保护将进入减污降碳协同治理的新阶段，推动减污降碳协同治理成为促进经济社会发展全面绿色低碳转型的重要抓手。降碳与减污之间可以产生很好的协同效应，这是我国高碳的能源结构以及高能耗产业结构决定的。机理在于，二氧化碳等温室气体排放与常规污染物排放具有同根、同源、同过程的特点：煤炭、石油等化石能源的燃烧和加工利用，不仅产生二氧化碳等温室气体，也产生颗粒物、VOCs（挥发性有机化合物）、重金属、酚、氨氮等大气、水、土壤污染物，减少化石能源利用，在降低二氧化碳排放的同时，也可以减少常规污染物排放。

实施减污降碳协同治理，能够有效推动环境治理从末端治理为主向源头预防和源头治理转变。二氧化碳排放 2030 年前达到峰值是 2035 年 "生态环境根本好转" 的坚实基础。全面实施细颗粒物（PM2.5）与臭氧（O_3）协同控制，加强水生态保护与修复，全面实施以排污许可制度为核心的固定污染源监管制度，进一步推广应用 "三线一单" 制度成果，加快谋划实施碳排放达峰行动和加快碳市场建设等，均将推动生态环境保护整体进程。为衡量低碳城市试点环境低碳情况，本书选取了废物、废水和废气治理三个方面的指标，具体见表 3-2。

表 3-2　低碳城市试点综合评估低碳环境指标

二级指标名称	三级指标	指标方向
B3.废物处理	C19.生活垃圾处理率/%	+
	C20.一般工业固体废物综合利用率/%	+
B4.水污染治理	C21.单位面积工业废水排放量/(t/km²)	−
	C22.污水处理率/%	+
B5.空气质量	C23.单位面积 SO_2 排放量/(kg/km²)	−
	C24.空气质量优良率/%	+

3. 低碳社会指标

低碳社会就是通过培养居民低碳生活方式，传播可持续发展、绿色环保、生态文明的低碳文化理念，形成具有低碳消费意识的公平社会。随着低碳经济在全球持续受到关注，一系列关于低碳的议题也得到了人们的重视。低碳社会这一理念最先由日本学者提出，并逐步成为社会各主体的关注焦点。虽然目前学术界尚未对低碳社会的定义给出系统性的界定，但大部分学者认为低碳社会就是一个碳排放量低、生态系统平衡、人类行为方式更加环保、人与自然和谐相处的社会。它深刻体现了可持续发展的理念，代表了一种新的社会运行模式。在全球性环境问题得到重视的今天，发展低碳经济、走向低碳社会已逐渐成为全球共识。为衡量低碳城市的社会低碳建设情况，选取了城市建设水平和社会发展现状两个方面的指标，具体见表 3-3。

表 3-3　低碳城市试点综合评估低碳社会指标

二级		三级	指标方向
B6.城市建设	城市密度	C25.人口密度/(人/km^2)	+
	低碳建设	C26.污水处理能力/(万 m^3/日)	+
		C27.人均公园绿地面积/m^2	+
		C28.绿化覆盖率完成度/%	+
B7.社会发展	经济建设	C29.人均 GDP/元	+
		C30.GDP 增长率/%	+
		C31.登记失业率/%	−
	社会福利	C32.人均期望寿命/岁	+
		C33.科学教育支出占财政预算支出比例/%	+

3.3　低碳城市试点综合评估指标综合评价方法

3.3.1　数据来源与数据预处理

1. 数据来源

城市碳排放量数据取自中国碳核算数据库；低碳城市建设目标取自各市低碳城市试点工作实施方案；能源、经济与环境相关数据来源于各省市统计年鉴、国民经济和社会发展统计公报和各市环境公报；城市建设相关数据来源于《中国城市统计年鉴》和《城市建设统计年鉴》；省级人均期望寿命数据来源于《中国社会统计年鉴》。

2. 指标数据预处理

城市的低碳发展评估是一个包含多指标的综合评估体系。在进行相关评估时，需把描述特定城市的经济、环境和社会等不同方面的多个指标的信息综合起来，并得到一个综合指标，由此对城市低碳发展水平作出整体上的评判，并进行横向或纵向比较。由于各评估指标的性质不同，通常具有不同的量纲和数量级。当各指标间的水平相差很大时，如果直接利用原始指标值进行分析，就会突出数值较高的指标在综合分析中的作用，相对削弱数值水平较低的指标的作用。因此，为了保证结果的可靠性，从而科学作出管理决策，在数据分析之前需要对原始指标数据进行标准化处理。

数据标准化也就是统计数据的指数化。数据标准化处理主要包括数据同趋化处理和无量纲化处理两个过程。数据同趋化处理主要解决不同性质的数据问题，对正向指标和负向指标直接加总不能正确反映不同作用力的综合结果，须先考虑改变负向指标数据性质，使所有指标对测评方案的作用方向同趋化，再加总才能得出正确结果。数据无量纲化处理主要解决数据的可比性。由于指标体系的各个指标度量单位是不同的，为了能够将指标参与评价计算，需要对指标进行规范化处理，通过函数变换将其数值映射到某个数值区间。具体而言，数据的标准化是将数据按比例缩放，使之落入一个小的特定区间。数据标准化的方法有很多种，常用的有最小–最大标准化、Z-score 标准化和按小数定标标准化等。经过上述标准化处理，原始数据均转换为无量纲化指标测评值，即各指标值都处于同一个数量级别上，可以进行综合测评分析。

正向指标归一化处理：正向指标是指数值越大，得分越高的指标。如单位 GDP 能耗下降率、建成区绿化覆盖率等。正向指标归一化公式如下：

$$x'_k = \frac{x_k - x_{min}}{x_{max} - x_{min}} \tag{3-1}$$

式中：x_k 为处理前的数据；x'_k 为处理后的数据；x_{max} 为某行业该指标的最大值；x_{min} 为某行业该指标的最小值。

负向指标归一化处理：负向指标是指数值越小，得分越高的指标。如单位面积工业废水排放量、登记失业率等。负向指标归一化公式如下：

$$x'_k = \frac{x_{max} - x_k}{x_{max} - x_{min}} \tag{3-2}$$

3.3.2　指标权重确定方法

目前，在低碳城市评估文献中，对于城市低碳发展水平的评估多运用模糊综合评判法、线性加权法、层次分析法、网络层次分析法、调查表分析评价法、主成分分析法、BP 神经网络法、粗糙集理论等方法。由于评价过程中涉及多目标决策，指标构建的关键点是确定各指标的权重。确定指标权重的方法主要有主成分分析法、专家打分法、层次分析法、模糊层次分析法等，其中使用较多的是专家打分法和层次分析法。对于低碳城市的评估往往将客观评估与主观评估、定性计算和定量描述有效结合，如层次分析法、模糊综合评判法等的综合使用(表 3-4)。

1. 层次分析法赋权

层次分析法是一种依靠主观判断、定性定量相结合的决策方法。该方法比较适合于解决具有分层交错评价指标，而且目标值又难以定量描述的决策问题。层次分析法的主要思路是将一个复杂的多目标决策问题作为一个系统，将目标分解为多个

表 3-4 低碳城市评估指标代表性计算方法

计算方法	方法简述
层次分析法	层次分析法，依次确定目标层、因素层、因子层。在指标确定后，邀请专家进行打分，构造判断矩阵，为各个指标进行权重赋值。该方法最明显的缺点是评估过于主观，由于各个指标的标准不同，必须对其进行归一化处理，将不同单位和性质的指标数值标准化，最后形成一个综合的指数，用来评估低碳城市建设的综合水平。适用于对众多城市横向比较
主成分分析法/因子分析法	主成分分析法是将解释变量转换成若干个主成分，这些主成分从不同侧面反映解释变量的综合影响，并且互不相关，再将被解释变量关于这些主成分进行回归，根据主成分与解释变量之间的对应关系，求得原回归模型的估计方程。其缺点是难以对含有多因素、多层次的方案进行评估以及不能较好地解决定性指标的量化问题
模糊综合评判法	模糊集合理论被广泛应用于自然、社会、管理科学的各个领域，是将定性评估转化为定量评估的一个方法，在低碳城市评估中，能较好地解决难以量化的政策行动、增长潜力等定性化描述指标。模糊综合评判法的最显著特点是便于横向比较，还可以依据各类评估因素的特征，确定评估价值与评估因素值之间的函数关系
专家打分法	城市低碳发展评估指标体系是一个多目标决策的问题，各个指标对于目标层的低碳城市发挥的作用和影响不尽相同，重要程度各异。专家打分法是最常见的指标权重确定方法，通过综合分析专家意见最终确定各指标对于目标层的重要程度

目标或准则，进而分解为多指标(或准则、约束)的若干层次，通过定性指标模糊量化方法计算得出层次单排序(权数)和总排序，以作为目标(多指标)、多方案优化决策。具体而言，层次分析法首先将决策问题按总目标、各层子目标、评价准则直至具体的备择方案的顺序分解为不同的层次结构，然后根据判断矩阵特征向量求解结果得到每一层次的各元素对上一层次某元素的优先权重，最后用加权和的方法递阶归并各备择方案对总目标的最终权重，此最终权重最大者即最优方案。

目前，层次分析法主要应用在安全科学和环境科学领域。在安全生产科学技术方面主要应用包括煤矿安全研究、危险化学品评价、油库安全评价、城市灾害应急能力研究以及交通安全评价等；在环境保护研究中的应用主要包括水安全评价、水质指标和环境保护措施研究、生态环境质量评价指标体系研究以及水生野生动物保护区污染源确定等。城市的低碳发展是一个涉及经济、环境和社会的复杂系统工程，在对这一问题进行综合性分析时，面临的是一个由相互关联、相互制约的众多因素构成的复杂体系。层次分析法为研究这类复杂系统提供了一种崭新的便于操作的实用性决策方法。

运用层次分析法对城市低碳发展综合评估指标体系的各二级指标进行赋权，优点如下。

(1)层次分析法是一个系统性的指标赋权方法。层次分析法把研究对象作为一个系统，按照分解、比较判断、综合的思维方式进行决策，成为继机理分析、统计分析之后发展起来的系统分析重要工具。层次分析法中，每一层的权重设置最后都会直接或间接影响到结果，体现了系统分析的思想，即不割断各个因素对结果的影响。此外，每个层次中的每个因素对结果的影响程度都是量化的，非常清晰明确。层次分析法尤其可用于对无结构特性的系统评价以及多目标、多准则、多时期等的系统评价。

（2）层次分析法易于操作，实用性较强。层次分析法既不涉及复杂的高深数学运算，也不片面地依赖行为、逻辑和推理进行定性分析，而是将定性方法与定量方法进行有机结合，将复杂的系统有效分解，将思维过程数学化、系统化，便于接受。此外，层次分析法还能把多目标、多准则又难以全部量化处理的决策问题转化为多层次单目标问题，通过两两比较确定同一层次元素相对上一层次元素的数量关系后，最后进行简单的数学运算。计算简便，并且所得结果简明易懂，便于被决策者了解和掌握，有助于指标体系的应用推广。

（3）层次分析法所需定量数据信息较少，可行性较强。层次分析法主要是从评价者对评价问题的本质和要素的评判出发，与其他定量赋权方法相比更注重定性的分析和判断。由于层次分析法是一种模拟人们决策过程的思维方式的一种方法，在决策过程中，判断各要素的相对重要性主要依靠专家对要素重要性的认定，强调主观判断而简化权重计算过程。因此，层次分析法能处理许多因数据可能性无法保证所导致的最优化技术无法解决的实际问题。

本书所建立的城市低碳发展评估指标体系在经济低碳、环境低碳和社会低碳各指标的相对重要性如下：

低碳生产=低碳消费

废物处理>废水处理>废气治理

城市建设水平=社会发展现状

据此给出各二级指标的权重赋值见表 3-5。将每个二级指标得分根据权重赋值结果加权求和得到城市低碳发展评估指数的最终得分，计算方法如式（3-3）所示：

$$S_m = \sum_{k=1}^{n} \xi_k F_k \tag{3-3}$$

式中：S_m 为 m 市低碳试点城市评估指数的最终得分；ξ_k 为每个二级指标的权重；F_k 为对应二级指标得分；n 为各二级指标，取值为 7。

表 3-5　二级指标权重

指标	低碳生产	低碳消费	废物处理	废水处理	废气治理	城市建设水平	社会发展现状
权重/%	21	21	13	7	5	21	12

但是，仅用层次分析法对城市低碳发展评估体系的各级指标进行赋权也存在一定的缺陷。

（1）仅依靠层次分析法进行赋权，定性成分多于定量数据，容易造成赋权结果缺乏客观性。比较严格的数学论证和完善的定量分析是解决科学问题的重要研究方法。但在很多情况下，人们也运用定性分析方法来解决现实问题。层次分析法虽然运用主观和客观相结合的方式，对人脑决策方式进行了模拟，但依然无法完全排除专家主观因素的影响。

（2）低碳发展指标体系中包含 33 个指标，数据统计量大，权重难以确定。城市低碳发展评估涉及复杂体系的分析，指标选取数量多、维度广。指标的增加就意味着需构造层次更深、数量更多、规模更庞大的判断矩阵。在构建判断矩阵并对指标进行排序时，由于一般情况下层次分析法的两两比较是用 1～9 来刻画每个指标的相对重要性，如果指标过多，对每两个指标相对重要程度的判断将出现困难，甚至会对层次单排序和总排序的一致性产生影响，使一致性检验不能通过。

为兼顾指标赋权的客观性与主观性，解决指标过多导致的权重难以确定等问题，城市低碳发展评估指标体系运用层次分析法对 X 级指标赋权，运用熵权-TOPSIS 法对 X 级指标进行赋权。

2. 熵权-TOPSIS 法赋权

根据信息论基本原理，信息是系统有序程度的一个度量，熵是系统无序程度的一个度量。信息量越大，不确定性就越小，熵也就越小；信息量越小，不确定性就越大，熵也就越大。熵值可以判断某个指标的离散程度。对于某项指标，其信息熵值越小，指标的离散程度越大，该指标对综合评估的影响（即权重）就越大；若某项指标的值全部相等，则该指标对综合评估结果没有影响，可以忽略不计。因此，可根据各项指标的离散程度，利用信息熵计算出各个指标的权重，为多指标综合评估提供依据。

"双基点法"也称作 TOPSIS（Technique for Order Preference by Similarity to Ideal Solution）法，是一种多目标决策分析方法。TOPSIS 法可用来解决社会经济和工程技术领域经常遇到的多指标多方案评价与排序问题。使用 TOPSIS 法判断方案的优劣，首先要在备选方案集中根据指标性质和数据以一组最优指标数据作为虚拟正理想方案，以一组最劣指标数据作为虚拟负理想方案，然后计算每个方案点距正、负理想点的距离大小，得到最终接近程度越大意味着评价对象与最优解越接近，即该值越大越好。TOPSIS 法的这种评价方式不仅不限制数据分布和样本量，而且避免了线性叠加的影响。

为了克服 TOPSIS 法在确定评估指标权重时使用专家打分法或层次分析法带来的主观因素影响，选择熵权法进行客观评价。熵权-TOPSIS 法核心在于 TOPSIS，但在计算数据时，首先会利用熵值（熵权法）计算得到各评价指标的权重，并且将评价指标数据与权重相乘，得到新的数据，利用新数据进行 TOPSIS 法研究。

熵权-TOPSIS 法具体实施步骤如下。

第 1 步，在对指标数据进行标准化的基础上，构建归一化判断矩阵 $\boldsymbol{R}'$，其中 x'_{ij} 为标准化后的第 j 个城市第 i 个指标取值：

$$\boldsymbol{R}' = (x'_{ij})_{m \times n} \tag{3-4}$$

第 2 步，根据信息熵的定义以及各年份评估指标，可以确定第 j 项指标在第 i 年的数值占该指标比重 p_{ij} 及 j 指标的信息熵 e_j：

$$e_j = -k \sum_{i=1}^{n} p_{ij} \times \ln(p_{ij}) \tag{3-5}$$

$$\begin{cases} p_{ij} = \dfrac{x'_{ij}}{\displaystyle\sum_{i=1}^{n} x'_{ij}} \\ k = \dfrac{1}{\ln n}, \ 满足 e_j > 0 \end{cases} \tag{3-6}$$

第 3 步，在明确了第 n 个指标的熵值后，可得到第 n 个指标的熵权 w_j：

$$w_j = \frac{1 - e_j}{\displaystyle\sum_{j=1}^{p} (1 - e_j)} \tag{3-7}$$

第 4 步，建立赋权后的决策矩阵 $\boldsymbol{V}$：

$$\boldsymbol{V} = \boldsymbol{R}' \times w_j = (V_{ij})_{n \times p} \tag{3-8}$$

第 5 步，确定正理想解 V^+ 和负理想解 V^-：

$$V^+ = \{\max V_{ij} \mid j = 1, 2, 3, \cdots, p\}$$
$$V^- = \{\min V_{ij} \mid j = 1, 2, 3, \cdots, p\} \tag{3-9}$$

第 6 步，计算各指标取值与正、负理想解间的距离：

$$D_i^+ = \sqrt{\sum_{j=1}^{p} (v_{ij} - V^+)^2}$$
$$D_i^- = \sqrt{\sum_{j=1}^{p} (v_{ij} - V^-)^2} \tag{3-10}$$

第 7 步，计算各指标与理想解的近似程度 C_i：

$$C_i = \frac{D_i^-}{D_i^+ + D_i^-}, \ \ 0 \leqslant C_i \leqslant 1 \qquad\qquad (3\text{-}11)$$

第4章 城市低碳发展评估指标体系应用

4.1 低碳试点城市静态评估

4.1.1 2010年低碳试点城市发展综合评估

通过构建的城市低碳发展评估指标体系，评估得到 2010 年 67 个低碳试点城市的综合得分和各级指标得分，见表 4-1。总体来看，试点城市低碳发展综合得分集中于 26.32～62.06 分，平均得分 37.11，中位数为 35.80。其中 50 分以上城市有 3 个，40～49 分的城市有 11 个，30～39 分的城市有 51 个，20～29 分的城市有 2 个。总分最高的三个城市依次为深圳市、广州市和天津市。

表 4-1 2010 年部分低碳试点城市综合评估指标

序号	城市	城市分类				指标得分			
		批次	地区	发展类型	规模	经济	环境	社会	综合
1	深圳市	1	东部	中心城市	巨大	23.92	21.12	17.01	62.06
2	贵阳市	1	西部	生态型	特大	14.99	16.48	6.68	38.15
3	保定市	1	东部	老工业基地	特大	8.27	17.16	5.49	30.93
4	南昌市	1	中部	生态型	特大	9.16	18.83	10.52	38.51
5	天津市	1	东部	沿海开放型	巨大	19.91	18.19	13.52	51.62
6	杭州市	1	东部	中心城市	特大	9.20	16.53	11.66	37.38
7	重庆市	1	西部	老工业基地	巨大	8.95	17.61	9.51	36.06
8	厦门市	1	东部	生态型	特大	12.64	17.31	12.64	42.59
9	广州市	2	东部	中心城市	巨大	12.64	21.48	19.87	53.99
10	桂林市	2	西部	老工业基地	特大	8.78	18.02	4.33	31.13
11	秦皇岛市	2	东部	沿海开放型	特大	13.02	16.97	6.50	36.50
12	石家庄市	2	东部	老工业基地	巨大	16.07	18.67	10.40	45.13
13	武汉市	2	中部	中心城市	巨大	12.89	17.34	10.60	40.83
14	吉林市	2	东北	老工业基地	特大	12.54	16.02	6.75	35.31
15	镇江市	2	东部	老工业基地	特大	9.20	18.10	8.95	36.24
16	苏州市	2	东部	中心城市	巨大	8.88	14.90	12.50	36.29

续表

序号	城市	城市分类				指标得分			
		批次	地区	发展类型	规模	经济	环境	社会	综合
17	淮安市	2	东部	生态型	特大	9.77	19.22	7.14	36.12
18	赣州市	2	中部	资源型	特大	7.79	18.83	7.23	33.85
19	景德镇市	2	中部	老工业基地	大型	7.96	19.78	6.48	34.22
20	呼伦贝尔市	2	西部	资源型	大型	9.85	14.17	7.55	31.57
21	青岛市	2	东部	沿海开放型	特大	9.14	19.50	9.62	38.25
22	晋城市	2	中部	资源型	大型	9.37	18.17	6.32	33.85
23	延安市	2	西部	资源型	大型	8.55	18.07	8.42	35.04
24	上海市	2	东部	中心城市	巨大	9.58	15.53	22.02	47.12
25	广元市	2	西部	资源型	大型	12.12	19.05	4.06	35.22
26	乌鲁木齐市	2	西部	老工业基地	特大	14.18	14.39	8.56	37.12
27	昆明市	2	西部	生态型	特大	17.05	20.79	9.15	47.00
28	温州市	2	东部	沿海开放型	特大	11.59	18.62	5.94	36.16
29	宁波市	2	东部	沿海开放型	特大	7.69	18.28	8.85	34.81
30	池州市	2	中部	资源型	大型	9.24	19.48	6.00	34.72
31	北京市	2	东部	中心城市	巨大	13.55	16.35	16.97	46.87
32	南平市	2	东部	资源型	大型	9.20	18.44	4.46	32.10
33	金昌市	2	西部	资源型	小型	11.63	14.10	6.76	32.49
34	合肥市	3	中部	其他京津冀、长三角、珠三角地区	特大	10.02	19.52	9.59	39.12
35	淮北市	3	中部	老工业基地	大型	8.84	19.59	5.93	34.36
36	黄山市	3	中部	生态型	大型	8.34	19.98	4.61	32.93
37	六安市	3	中部	生态型	特大	10.37	17.97	5.34	33.68
38	宣城市	3	中部	其他京津冀、长三角、珠三角地区	大型	9.70	20.74	5.36	35.80
39	三明市	3	东部	生态型	大型	13.50	16.85	5.83	36.18
40	兰州市	3	西部	老工业基地	特大	20.39	15.28	8.75	44.42
41	中山市	3	东部	其他京津冀、长三角、珠三角地区	特大	7.62	15.41	9.98	33.01
42	柳州市	3	西部	老工业基地	特大	9.95	17.68	6.76	34.40

续表

序号	城市	城市分类				指标得分			
		批次	地区	发展类型	规模	经济	环境	社会	综合
43	三亚市	3	东部	旅游	中等	10.00	18.87	10.34	39.21
44	长沙市	3	中部	中心城市	特大	10.40	20.21	10.51	41.11
45	株洲市	3	中部	老工业基地	特大	9.05	18.49	5.95	33.49
46	湘潭市	3	中部	老工业基地	大型	9.01	18.98	5.06	33.05
47	郴州市	3	中部	资源型	特大	8.74	16.95	4.18	29.86
48	南京市	3	东部	中心城市	特大	11.93	15.24	11.08	38.25
49	常州市	3	东部	其他京津冀、长三角、珠三角地区	特大	9.05	13.83	9.33	32.21
50	吉安市	3	中部	生态型	特大	7.75	19.84	4.86	32.44
51	抚州市	3	中部	生态型	特大	7.50	19.73	6.70	33.93
52	沈阳市	3	东北	中心城市	特大	8.25	18.89	10.22	37.37
53	大连市	3	东北	沿海开放型	特大	8.19	19.32	10.77	38.28
54	朝阳市	3	东北	老工业基地	大型	7.54	13.94	4.84	26.32
55	乌海市	3	西部	资源型	中等	9.45	13.58	8.43	31.46
56	银川市	3	西部	老工业基地	大型	20.33	17.69	6.35	44.36
57	吴忠市	3	西部	老工业基地	大型	17.72	17.61	6.69	42.02
58	西宁市	3	西部	老工业基地	大型	10.19	16.13	5.67	31.98
59	济南市	3	东部	老工业基地	特大	10.37	17.60	7.79	35.77
60	烟台市	3	东部	沿海开放型	特大	8.74	18.76	9.30	36.80
61	潍坊市	3	东部	资源型	特大	9.53	16.40	6.58	32.51
62	安康市	3	西部	生态型	大型	9.70	16.68	8.71	35.09
63	成都市	3	西部	中心城市	巨大	13.65	19.25	11.20	44.10
64	玉溪市	3	西部	资源型	大型	7.94	16.79	5.89	30.61
65	嘉兴市	3	东部	其他京津冀、长三角、珠三角地区	特大	11.21	16.76	7.96	35.94
66	金华市	3	东部	其他京津冀、长三角、珠三角地区	特大	8.25	19.59	6.10	33.94
67	衢州市	3	东部	生态型	大型	8.65	19.21	5.50	33.36
均值						10.91	17.77	8.43	37.11
中位数						9.58	18.07	7.55	35.80

4.1.2　2015年低碳试点城市发展综合评估

通过构建的城市低碳发展评估指标体系，评估得到2015年67个低碳试点城市的综合得分和各一级指标得分，见表4-2。总体来看，试点城市低碳发展综合得分集中于28.46~66.14分，平均得分38.21，中位数为37.36。其中50分以上城市有4个，40~49分的城市有15个，30~39分的城市有45个，20~29分的城市有3个。总分最高的三个城市依次为深圳市、广州市和北京市，上海市总分排名第四。总分最低的三个城市依次为郴州市、玉溪市和金昌市。

表4-2　2015年部分低碳试点城市综合评估指标

序号	城市	城市分类				指数			
		批次	地区	发展类型	规模	经济	环境	社会	综合
1	深圳市	1	东部	中心城市	巨大	23.06	21.89	21.19	66.14
2	贵阳市	1	西部	生态型	特大	11.21	17.15	8.72	37.08
3	保定市	1	东部	老工业基地	特大	10.35	19.05	5.67	35.07
4	南昌市	1	中部	生态型	特大	7.71	21.98	9.83	39.51
5	天津市	1	东部	沿海开放型	巨大	11.30	17.82	12.91	42.02
6	杭州市	1	东部	中心城市	特大	9.81	19.34	12.99	42.14
7	重庆市	1	西部	老工业基地	巨大	9.05	20.25	9.78	39.08
8	厦门市	1	东部	生态型	特大	14.03	20.51	11.95	46.48
9	广州市	2	东部	中心城市	巨大	13.04	20.81	21.59	55.43
10	桂林市	2	西部	老工业基地	特大	8.44	19.48	4.42	32.34
11	秦皇岛市	2	东部	沿海开放型	特大	9.74	17.90	7.38	35.02
12	石家庄市	2	东部	老工业基地	巨大	10.12	19.53	8.77	38.42
13	武汉市	2	中部	中心城市	巨大	10.40	19.84	12.95	43.19
14	吉林市	2	东北	老工业基地	特大	9.39	16.43	5.68	31.49
15	镇江市	2	东部	老工业基地	特大	7.67	20.20	10.28	38.15
16	苏州市	2	东部	中心城市	巨大	7.14	19.62	14.24	40.99
17	淮安市	2	东部	生态型	特大	8.72	20.29	10.40	39.41
18	赣州市	2	中部	资源型	特大	10.90	17.31	8.49	36.70
19	景德镇市	2	中部	老工业基地	大型	6.85	20.07	5.85	32.77
20	呼伦贝尔市	2	西部	资源型	大型	7.83	17.98	5.94	31.75
21	青岛市	2	东部	沿海开放型	特大	12.10	21.57	11.54	45.21

续表

序号	城市	城市分类				指数			
		批次	地区	发展类型	规模	经济	环境	社会	综合
22	晋城市	2	中部	资源型	大型	7.37	18.74	8.66	34.76
23	延安市	2	西部	资源型	大型	7.01	18.74	7.30	33.06
24	上海市	2	东部	中心城市	巨大	10.40	19.30	20.64	50.34
25	广元市	2	西部	资源型	大型	7.85	21.70	3.41	32.97
26	乌鲁木齐市	2	西部	老工业基地	特大	16.11	20.25	6.15	42.51
27	昆明市	2	西部	生态型	特大	15.86	16.45	7.16	39.46
28	温州市	2	东部	沿海开放型	特大	9.51	22.25	8.62	40.38
29	宁波市	2	东部	沿海开放型	特大	6.66	21.75	10.92	39.33
30	池州市	2	中部	资源型	大型	10.77	22.72	4.42	37.92
31	北京市	2	东部	中心城市	巨大	15.52	16.75	19.30	51.56
32	南平市	2	东部	资源型	大型	8.27	16.49	5.92	30.68
33	金昌市	2	西部	资源型	小型	8.38	13.95	6.96	29.29
34	合肥市	3	中部	其他京津冀、长三角、珠三角地区	特大	9.79	20.81	8.92	39.51
35	淮北市	3	中部	老工业基地	大型	8.80	20.29	5.11	34.20
36	黄山市	3	中部	生态型	大型	8.67	20.48	3.68	32.83
37	六安市	3	中部	生态型	特大	8.06	19.87	6.68	34.61
38	宣城市	3	中部	其他京津冀、长三角、珠三角地区	大型	10.50	20.89	5.79	37.18
39	三明市	3	东部	生态型	大型	9.66	21.50	7.84	39.00
40	兰州市	3	西部	老工业基地	特大	16.04	20.10	9.83	45.97
41	中山市	3	东部	其他京津冀、长三角、珠三角地区	特大	8.84	21.71	10.30	40.85
42	柳州市	3	西部	老工业基地	特大	6.87	22.34	6.25	35.46
43	三亚市	3	东部	旅游	中等	11.63	20.79	9.41	41.84
44	长沙市	3	中部	中心城市	特大	8.23	20.06	10.91	39.20
45	株洲市	3	中部	老工业基地	特大	7.04	20.68	7.13	34.84
46	湘潭市	3	中部	老工业基地	大型	7.50	20.83	7.03	35.36
47	郴州市	3	中部	资源型	特大	7.46	16.88	4.12	28.46

续表

序号	城市	城市分类				指数			
		批次	地区	发展类型	规模	经济	环境	社会	综合
48	南京市	3	东部	中心城市	特大	10.02	19.10	13.86	42.98
49	常州市	3	东部	其他京津冀、长三角、珠三角地区	特大	7.73	20.86	8.22	36.80
50	吉安市	3	中部	生态型	特大	10.16	21.32	5.88	37.36
51	抚州市	3	中部	生态型	特大	8.67	19.25	8.01	35.93
52	沈阳市	3	东北	中心城市	特大	7.75	19.20	10.45	37.39
53	大连市	3	东北	沿海开放型	特大	8.63	18.93	9.85	37.41
54	朝阳市	3	东北	老工业基地	大型	8.78	19.79	3.02	31.58
55	乌海市	3	西部	资源型	中等	10.65	14.77	10.83	36.25
56	银川市	3	西部	老工业基地	大型	14.15	15.14	5.17	34.46
57	吴忠市	3	西部	老工业基地	大型	16.95	15.47	5.17	37.58
58	西宁市	3	西部	老工业基地	大型	9.64	16.88	7.17	33.69
59	济南市	3	东部	老工业基地	特大	14.87	20.13	7.35	42.35
60	烟台市	3	东部	沿海开放型	特大	13.04	19.96	8.91	41.92
61	潍坊市	3	东部	资源型	特大	10.44	18.28	7.60	36.31
62	安康市	3	西部	生态型	大型	8.17	19.42	5.29	32.88
63	成都市	3	西部	中心城市	巨大	9.32	19.94	11.98	41.24
64	玉溪市	3	西部	资源型	大型	6.51	17.19	5.30	29.00
65	嘉兴市	3	东部	其他京津冀、长三角、珠三角地区	特大	6.83	19.21	8.97	35.01
66	金华市	3	东部	其他京津冀、长三角、珠三角地区	特大	7.56	20.10	7.01	34.67
67	衢州市	3	东部	生态型	大型	7.54	21.01	6.56	35.11
均值						9.99	19.42	8.80	38.21
中位数						9.32	19.87	8.01	37.36

4.1.3 2018 年低碳试点城市发展综合评估

通过构建的城市低碳发展评估指标体系，评估得到 2018 年 67 个低碳试点城市的综合得分和各一级指标得分，见表 4-3。总体来看，试点城市低碳发展综合得分

集中于 26.59～67.91 分，平均得分 41.06，中位数为 39.75。其中 50 分以上城市有
6 个，40～49 分的城市有 26 个，30～39 分的城市有 32 个，20～29 分的城市有 3
个。总分最高的三个城市依次为深圳市、广州市和上海市，其中深圳市在低碳经济
发展和低碳社会建设方面表现尤为突出，北京市总分排名第四。总分最低的三个城
市依次为朝阳市、呼伦贝尔市和金昌市，其中朝阳市和呼伦贝尔市在低碳社会建设
方面有所欠缺，而低碳经济和低碳环境发展则是资源型城市金昌市的短板。

表 4-3　2018 年部分低碳试点城市综合评估指标

序号	城市	城市分类				指数			
		批次	地区	发展类型	规模	经济	环境	社会	综合
1	深圳市	1	东部	中心城市	巨大	26.23	17.36	24.32	67.91
2	贵阳市	1	西部	生态型	特大	17.16	16.68	8.08	41.92
3	保定市	1	东部	老工业基地	特大	13.23	17.76	5.89	36.88
4	南昌市	1	中部	生态型	特大	11.68	22.54	11.07	45.28
5	天津市	1	东部	沿海开放型	巨大	10.04	16.21	13.41	39.66
6	杭州市	1	东部	中心城市	特大	14.66	19.88	14.47	49.01
7	重庆市	1	西部	老工业基地	巨大	8.84	17.21	12.04	38.08
8	厦门市	1	东部	生态型	特大	16.34	20.27	12.71	49.32
9	广州市	2	东部	中心城市	巨大	19.01	19.96	23.17	62.14
10	桂林市	2	西部	老工业基地	特大	11.21	22.97	4.66	38.84
11	秦皇岛市	2	东部	沿海开放型	特大	15.79	19.30	7.27	42.36
12	石家庄市	2	东部	老工业基地	巨大	16.91	19.42	9.10	45.42
13	武汉市	2	中部	中心城市	巨大	13.61	20.20	16.17	49.98
14	吉林市	2	东北	老工业基地	特大	12.41	13.02	5.12	30.55
15	镇江市	2	东部	老工业基地	特大	12.94	20.57	9.53	43.03
16	苏州市	2	东部	中心城市	巨大	11.84	20.12	14.66	46.62
17	淮安市	2	东部	生态型	特大	14.26	21.11	9.66	45.03
18	赣州市	2	中部	资源型	特大	12.96	19.89	7.97	40.82
19	景德镇市	2	中部	老工业基地	大型	12.12	21.22	4.89	38.23
20	呼伦贝尔市	2	西部	资源型	大型	10.67	15.81	2.88	29.35
21	青岛市	2	东部	沿海开放型	特大	11.76	21.92	11.10	44.78
22	晋城市	2	中部	资源型	大型	9.35	13.39	7.76	30.49

续表

序号	城市	城市分类				指数			
		批次	地区	发展类型	规模	经济	环境	社会	综合
23	延安市	2	西部	资源型	大型	9.32	14.54	8.32	32.18
24	上海市	2	东部	中心城市	巨大	15.08	20.65	22.58	58.31
25	广元市	2	西部	资源型	大型	11.40	24.24	3.78	39.43
26	乌鲁木齐市	2	西部	老工业基地	特大	21.86	20.43	6.62	48.92
27	昆明市	2	西部	生态型	特大	16.82	15.74	7.19	39.75
28	温州市	2	东部	沿海开放型	特大	11.82	22.96	9.14	43.92
29	宁波市	2	东部	沿海开放型	特大	10.08	21.89	11.82	43.79
30	池州市	2	中部	资源型	大型	11.34	21.26	4.69	37.29
31	北京市	2	东部	中心城市	巨大	16.67	17.89	22.16	56.73
32	南平市	2	东部	资源型	大型	11.53	19.92	5.33	36.78
33	金昌市	2	西部	资源型	小型	9.83	13.55	6.12	29.50
34	合肥市	3	中部	其他京津冀、长三角、珠三角地区	特大	11.38	21.89	11.08	44.35
35	淮北市	3	中部	老工业基地	大型	9.39	21.15	6.52	37.06
36	黄山市	3	中部	生态型	大型	10.08	23.38	4.32	37.78
37	六安市	3	中部	生态型	特大	10.65	19.06	6.69	36.40
38	宣城市	3	中部	其他京津冀、长三角、珠三角地区	大型	9.05	21.58	5.65	36.28
39	三明市	3	东部	生态型	大型	11.66	20.76	6.94	39.35
40	兰州市	3	西部	老工业基地	特大	18.63	20.76	10.60	49.98
41	中山市	3	东部	其他京津冀、长三角、珠三角地区	特大	11.40	21.17	8.23	40.81
42	柳州市	3	西部	老工业基地	特大	9.22	21.59	7.67	38.48
43	三亚市	3	东部	旅游	中等	13.97	20.13	8.12	42.21
44	长沙市	3	中部	中心城市	特大	11.80	19.93	12.77	44.50
45	株洲市	3	中部	老工业基地	特大	10.84	21.51	6.18	38.52
46	湘潭市	3	中部	老工业基地	大型	10.21	21.01	7.36	38.58
47	郴州市	3	中部	资源型	特大	10.25	17.41	4.39	32.04
48	南京市	3	东部	中心城市	特大	15.65	19.99	15.11	50.74

续表

序号	城市	城市分类				指数			
		批次	地区	发展类型	规模	经济	环境	社会	综合
49	常州市	3	东部	其他京津冀、长三角、珠三角地区	特大	12.29	21.23	11.80	45.32
50	吉安市	3	中部	生态型	特大	13.08	21.77	5.34	40.20
51	抚州市	3	中部	生态型	特大	10.71	23.34	7.50	41.55
52	沈阳市	3	东北	中心城市	特大	11.38	19.95	9.59	40.92
53	大连市	3	东北	沿海开放型	特大	10.94	20.81	9.81	41.56
54	朝阳市	3	东北	老工业基地	大型	10.10	13.79	2.70	26.59
55	乌海市	3	西部	资源型	中等	9.58	16.80	10.07	36.45
56	银川市	3	西部	老工业基地	大型	16.44	12.72	5.19	34.36
57	吴忠市	3	西部	老工业基地	大型	8.88	16.36	5.16	30.41
58	西宁市	3	西部	老工业基地	大型	11.78	15.02	6.80	33.60
59	济南市	3	东部	老工业基地	特大	22.45	20.17	9.99	52.61
60	烟台市	3	东部	沿海开放型	特大	9.43	18.86	8.15	36.44
61	潍坊市	3	东部	资源型	特大	10.21	18.84	6.87	35.92
62	安康市	3	西部	生态型	大型	10.65	15.46	4.95	31.06
63	成都市	3	西部	中心城市	巨大	14.39	17.22	13.31	44.92
64	玉溪市	3	西部	资源型	大型	9.03	17.86	6.08	32.97
65	嘉兴市	3	东部	其他京津冀、长三角、珠三角地区	特大	9.53	21.09	9.24	39.86
66	金华市	3	东部	其他京津冀、长三角、珠三角地区	特大	9.45	22.35	7.02	38.82
67	衢州市	3	东部	生态型	大型	9.39	22.65	6.24	38.28
均值						12.58	19.37	9.12	41.06
中位数						11.53	20.12	7.97	39.75

　　低碳经济指标得分排名前五的城市依次为深圳市、济南市、乌鲁木齐市、广州市、兰州市；得分最低的五座城市依次为重庆市、吴忠市、玉溪市、宣城市、柳州市。低碳环境指标得分排名前五的城市依次为深圳市、广元市、黄山市、抚州市和桂林；得分最低的五座城市依次为银川市、吉林市、晋城市、金昌市、朝阳市。低碳社会指标得分排名前五的城市依次为深圳市、广州市、上海市、北京市和武汉市；

得分最低的五座城市依次为朝阳市、呼伦贝尔市、广元市、黄山市和郴州市。

　　将各城市在以上三项指标的得分进行加权求和,得到的综合评价指标可从整体上评估各试点的低碳城市建设水平。综合评估指标的得分排名前五的城市依次为深圳市、广州市、上海市、北京市和济南市;得分最低的五座城市为朝阳市、呼伦贝尔市、金昌市、吴忠市和晋城市。综合得分较高的五个试点城市均分布在东部地区,其中 4 个为中心城市。得分较低的城市均属于老工业基地城市和资源型城市。

　　试点城市的低碳经济指标得分与该城市的经济基础密切相关。如图 4-1 所示,城市低碳转型与城市经济基础有较强的正相关关系。这意味着经济发展水平较高的城市,通常具有较好的低碳转型效果,如深圳市和广州市等。落在第三象限的试点城市,如西宁市和朝阳市等,经济发展水平相对滞后且低碳转型效果较差。但也有一些城市较为明显地偏离这种趋势,如乌海市和嘉兴市的经济发展水平过度领先于低碳转型效果。落在第二象限的试点城市,如延安市、贵阳市和昆明市等,其低碳经济表现明显领先于其经济发展水平。

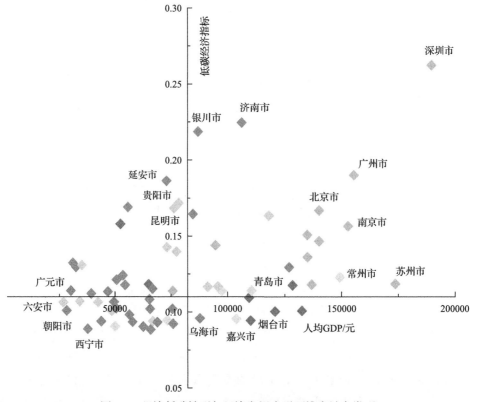

图 4-1　经济低碳转型与经济发展水平两维度城市类型

　　图 4-2 详细对比了不同类型城市间相关指数排名的差异性。从确立低碳城市试点的先后顺序来看,第一批试点城市在低碳发展、经济社会发展、综合评价和均衡发展方面的排名均靠前。这些城市开展低碳建设的基础较好且实施低碳城市试点政

策时间较长。

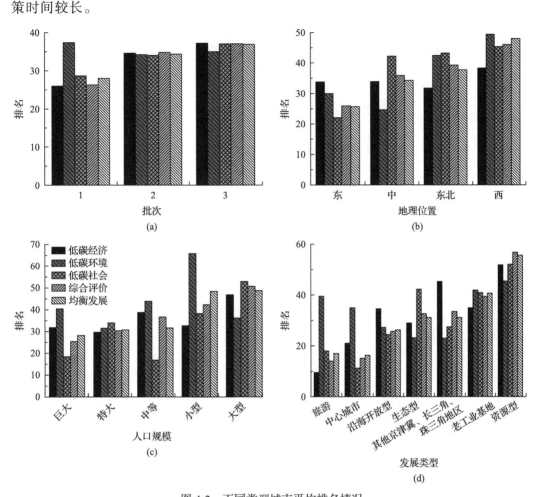

图 4-2　不同类型城市平均排名情况

从试点所在地理位置来看，东部地区城市在低碳社会、综合评估和均衡发展方面表现较好。中部地区城市在环境治理方面优势明显。总体来看，西部地区城市在四项指标的得分排名均靠后，低碳城市建设的整体难度较大，且各维度的发展均衡性也较差。

按人口规模划分，小型城市和特大型城市在低碳发展方面的成果更好，但小型城市在环境治理方面的表现较弱。中型和巨大型城市在建设低碳城市时所面临的经济社会发展压力较小。大型城市在低碳城市的总体建设上表现突出，但各维度发展的不均衡也是这类城市亟须解决的问题。

从城市发展类型来看，老工业基地型城市和资源型城市的各项评分排名在整体上靠后，低碳城市建设难度较高、效果较差。这类城市的发展和低碳环保水平均有一定的提升空间，如何结合自身资源禀赋和产业结构特点选取适合的发展模式是这类城市战略选择中的重大问题。生态型城市在低碳发展和环境治理方面的表现明显优于经济社会发展。如何在经济社会不断发展的过程中维持低碳环保水平，是这类城市应着重关注的问题。

4.2　低碳城市试点动态评估

4.2.1　宏观维度动态评估

如图 4-3 所示，从 2010～2018 年试点城市低碳发展综合得分可以看出：试点城市低碳发展综合得分区间整体在 9 年间有所上升，其中，综合得分从 2010 年的[26.32，62.06]区间上升到 2015 年的[28.46，66.14]，继而增长到[26.59，67.91]；67 个试点城市综合得分的平均数和中位数均持续增高；不同试点城市低碳发展综合水平绝对差距有所扩大。

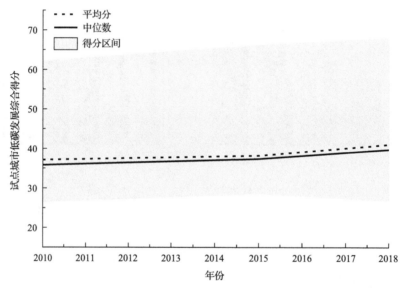

图 4-3　2010～2018 年试点城市低碳发展综合得分区间和变化趋势

其次，如表 4-4 所示，试点城市低碳发展综合得分区间在整体上稳步提升。得分高于 50 分的城市从 2010 年的 3 个上升为 2018 年的 6 个；得分在 40～49 分的城市从 11 个上升为 26 个，增长显著；而得分在 30～39 分的城市则从 51 个下降到 32 个，低得分城市数量明显减少。

表 4-4　2010 年、2015 年、2018 年试点城市低碳发展综合得分区间的城市数量（单位：个）

得分区间	50分及以上	40～49分	30～39分	20～29分
2010 年综合得分	3	11	51	2
2015 年综合得分	4	15	45	3
2018 年综合得分	6	26	32	3

　　此外，各试点城市 2010～2018 年低碳发展的动态变化具有差异性（图 4-4）。其中深圳市、广州市、上海市和北京市排名靠前且低碳发展状况持续优化。济南市、

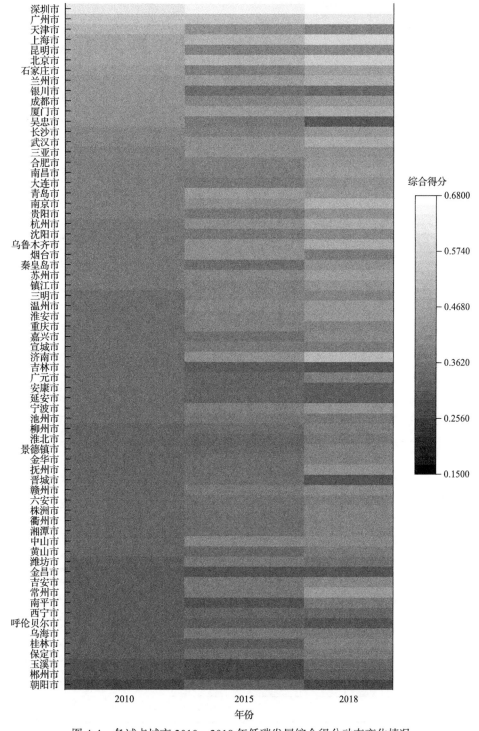

图 4-4　各试点城市 2010～2018 年低碳发展综合得分动态变化情况

宁波市、赣州市、常州市等城市虽然在 2010 年的得分不佳，但通过持续的发展，形成了赶超的态势。而天津市、吴忠市、烟台市和朝阳市等城市低碳发展则出现停滞甚至退步。

在评估的 67 个试点城市中，有 84%的城市在 2018 年的低碳发展综合得分超过了 2010 年水平，得分增长率在 0.64%～47.06%。低碳发展综合得分增长率最高的三个城市分别为济南市、常州市和南京市，排名前五的城市均为特大型人口规模城市。有 11 个城市的综合得分出现了负增长，这些城市大部分集中于中西部地区，以资源型城市和老工业基地城市为主(表 4-5)。

表 4-5　2010～2018 年试点城市低碳发展综合得分变化情况

序号	城市	批次	地区	发展类型	规模	变化率/%
1	济南市	3	东部	老工业基地	特大	47.06
2	常州市	3	东部	其他京津冀、长三角、珠三角地区	特大	40.69
3	南京市	3	东部	中心城市	特大	32.67
4	乌鲁木齐市	2	西部	老工业基地	特大	31.77
5	杭州市	1	东部	中心城市	特大	31.10
6	苏州市	2	东部	中心城市	巨大	28.47
7	宁波市	2	东部	沿海开放型	特大	25.79
8	桂林市	2	西部	老工业基地	特大	24.78
9	淮安市	2	东部	生态型	特大	24.66
10	吉安市	3	中部	生态型	特大	23.90
11	上海市	2	东部	中心城市	巨大	23.74
12	中山市	3	东部	其他京津冀、长三角、珠三角地区	特大	23.61
13	抚州市	3	中部	生态型	特大	22.48
14	武汉市	2	中部	中心城市	巨大	22.41
15	温州市	2	东部	沿海开放型	特大	21.48
16	北京市	2	东部	中心城市	巨大	21.04
17	赣州市	2	中部	资源型	特大	20.60
18	保定市	1	东部	老工业基地	特大	19.24
19	镇江市	2	东部	老工业基地	特大	18.72
20	南昌市	1	中部	生态型	特大	17.61
21	青岛市	2	东部	沿海开放型	特大	17.05

续表

序号	城市	批次	地区	发展类型	规模	变化率/%
22	湘潭市	3	中部	老工业基地	大型	16.72
23	秦皇岛市	2	东部	沿海开放型	特大	16.07
24	乌海市	3	西部	资源型	中等	15.87
25	厦门市	1	东部	生态型	特大	15.81
26	广州市	2	东部	中心城市	巨大	15.10
27	株洲市	3	中部	老工业基地	特大	15.01
28	衢州市	3	东部	生态型	大型	14.74
29	黄山市	3	中部	生态型	大型	14.72
30	南平市	2	东部	资源型	大型	14.59
31	金华市	3	东部	其他京津冀、长三角、珠三角地区	特大	14.37
32	合肥市	3	中部	其他京津冀、长三角、珠三角地区	特大	13.37
33	兰州市	3	西部	老工业基地	特大	12.53
34	广元市	2	西部	资源型	大型	11.94
35	柳州市	3	西部	老工业基地	特大	11.89
36	景德镇市	2	中部	老工业基地	大型	11.71
37	嘉兴市	3	东部	其他京津冀、长三角、珠三角地区	特大	10.92
38	潍坊市	3	东部	资源型	特大	10.50
39	贵阳市	1	西部	生态型	特大	9.87
40	沈阳市	3	东北	中心城市	特大	9.50
41	深圳市	1	东部	中心城市	巨大	9.44
42	三明市	3	东部	生态型	大型	8.78
43	大连市	3	东北	沿海开放型	特大	8.58
44	长沙市	3	中部	中心城市	特大	8.25
45	六安市	3	中部	生态型	特大	8.08
46	淮北市	3	中部	老工业基地	大型	7.85
47	玉溪市	3	西部	资源型	大型	7.71
48	三亚市	3	东部	旅游	中等	7.66
49	池州市	2	中部	资源型	大型	7.42
50	郴州市	3	中部	资源型	特大	7.30

续表

序号	城市	批次	地区	发展类型	规模	变化率/%
51	重庆市	1	西部	老工业基地	巨大	5.60
52	西宁市	3	西部	老工业基地	大型	5.06
53	成都市	3	西部	中心城市	巨大	1.85
54	宣城市	3	中部	其他京津冀、长三角、珠三角地区	大型	1.33
55	朝阳市	3	东北	老工业基地	大型	1.05
56	石家庄市	2	东部	老工业基地	巨大	0.64
57	烟台市	3	东部	沿海开放型	特大	−0.99
58	呼伦贝尔市	2	西部	资源型	大型	−7.01
59	延安市	2	西部	资源型	大型	−8.15
60	金昌市	2	西部	资源型	小型	−9.21
61	晋城市	2	中部	资源型	大型	−9.93
62	安康市	3	西部	生态型	大型	−11.49
63	吉林市	2	东北	老工业基地	特大	−13.49
64	昆明市	2	西部	生态型	特大	−15.42
65	银川市	3	西部	老工业基地	大型	−22.56
66	天津市	1	东部	沿海开放型	巨大	−23.18
67	吴忠市	3	西部	老工业基地	大型	−27.65

就排名而言，相较于 2010 年，有 35 个城市在 2018 年的综合排名有所提高，排名提升前两位为常州市和济南市。有 7 个城市的综合排名没有变化，其中深圳市和广州市的综合排名在 9 年间一直名列第一和第二位。有 12 个城市的综合排名下降超过 10 位。吴忠市和银川市的综合排名分别下降 52 位和 47 位，这两个城市均为位于西部地区的老工业基地大型城市(表 4-6)。

表 4-6　2010～2018 年试点城市低碳发展综合排名变化情况

序号	城市	批次	地区	发展类型	规模	排名变化
1	常州市	3	东部	其他京津冀、长三角、珠三角地区	特大	↑44
2	济南市	3	东部	老工业基地	特大	↑30
3	桂林市	2	西部	老工业基地	特大	↑25
4	吉安市	3	中部	生态型	特大	↑25
5	中山市	3	东部	其他京津冀、长三角、珠三角地区	特大	↑22

续表

序号	城市	批次	地区	发展类型	规模	排名变化
6	赣州市	2	中部	资源型	特大	↑18
6	宁波市	2	东部	沿海开放型	特大	↑18
6	抚州市	3	中部	生态型	特大	↑18
9	保定市	1	东部	老工业基地	特大	↑15
9	苏州市	2	东部	中心城市	巨大	↑15
9	淮安市	2	东部	生态型	特大	↑15
12	南京市	3	东部	中心城市	特大	↑14
13	乌鲁木齐市	2	西部	老工业基地	特大	↑13
14	杭州市	1	东部	中心城市	特大	↑12
14	湘潭市	3	中部	老工业基地	大型	↑12
16	乌海市	3	西部	资源型	中等	↑11
17	温州市	2	东部	沿海开放型	特大	↑9
17	南平市	2	东部	资源型	大型	↑9
17	株洲市	3	中部	老工业基地	特大	↑9
20	黄山市	3	中部	生态型	大型	↑8
20	衢州市	3	东部	生态型	大型	↑8
22	玉溪市	3	西部	资源型	大型	↑7
23	武汉市	2	中部	中心城市	巨大	↑6
23	郴州市	3	中部	资源型	特大	↑6
23	金华市	3	东部	其他京津冀、长三角、珠三角地区	特大	↑6
26	镇江市	2	东部	老工业基地	特大	↑5
27	西宁市	3	西部	老工业基地	大型	↑3
28	南昌市	1	中部	生态型	特大	↑2
28	厦门市	1	东部	生态型	特大	↑2
28	秦皇岛市	2	东部	沿海开放型	特大	↑2
28	北京市	2	东部	中心城市	巨大	↑2
32	青岛市	2	东部	沿海开放型	特大	↑1
32	上海市	2	东部	中心城市	巨大	↑1
32	广元市	2	西部	资源型	大型	↑1

续表

序号	城市	批次	地区	发展类型	规模	排名变化
32	兰州市	3	西部	老工业基地	特大	↑1
36	深圳市	1	东部	中心城市	巨大	—
36	广州市	2	东部	中心城市	巨大	—
36	景德镇市	2	中部	老工业基地	大型	—
36	柳州市	3	西部	老工业基地	特大	—
36	朝阳市	3	东北	老工业基地	大型	—
36	潍坊市	3	东部	资源型	特大	—
36	嘉兴市	3	东部	其他京津冀、长三角、珠三角地区	特大	—
43	合肥市	3	中部	其他京津冀、长三角、珠三角地区	特大	↓4
43	六安市	3	中部	生态型	特大	↓4
45	贵阳市	1	西部	生态型	特大	↓5
45	呼伦贝尔市	2	西部	资源型	大型	↓5
45	淮北市	3	中部	老工业基地	大型	↓5
48	石家庄市	2	东部	老工业基地	巨大	↓6
48	池州市	2	中部	资源型	大型	↓6
48	长沙市	3	中部	中心城市	特大	↓6
48	沈阳市	3	东北	中心城市	特大	↓6
52	成都市	3	西部	中心城市	巨大	↓7
53	三明市	3	东部	生态型	大型	↓8
54	金昌市	2	西部	资源型	小型	↓9
54	大连市	3	东北	沿海开放型	特大	↓9
56	三亚市	3	东部	旅游	中等	↓10
57	重庆市	1	西部	老工业基地	巨大	↓13
58	晋城市	2	中部	资源型	大型	↓16
59	延安市	2	西部	资源型	大型	↓20
59	宣城市	3	中部	其他京津冀、长三角、珠三角地区	大型	↓20
61	安康市	3	西部	生态型	大型	↓23
62	吉林市	2	东北	老工业基地	特大	↓26
63	烟台市	3	东部	沿海开放型	特大	↓27

序号	城市	批次	地区	发展类型	规模	排名变化
64	昆明市	2	西部	生态型	特大	↓29
65	天津市	1	东部	沿海开放型	巨大	↓32
66	银川市	3	西部	老工业基地	大型	↓47
67	吴忠市	3	西部	老工业基地	大型	↓52

4.2.2　按低碳试点设立批次分类的动态评估

低碳发展综合指标方面，与 2010 年相比，第一批试点城市中在 2018 年综合得分增长最快的是杭州市，而排名提升最大的是保定市。天津市在第一批试点城市中的低碳发展相对比较缓慢。在第二批试点城市中，乌鲁木齐市和苏州市的综合得分增长靠前，桂林市的排名提升最大。呼伦贝尔市、金昌市、晋城市、延安市、吉林市和昆明市的综合得分和排名均有所降低，石家庄市和池州市虽然排名均后退了 6 位，但却实现了评估分数的正增长。第三批试点城市中，济南市的综合得分增长了 47.06%，在所有试点城市中的增幅最大。常州市的综合排名上升了 44 位，是所有试点城市中增长最快的城市。安康市、烟台市、银川市和吴忠市则表现欠佳，综合得分和排名均有所降低(表 4-7)。

表 4-7　2010～2018 年试点城市低碳发展综合评估分批次动态比较

城市	发展类型	得分变化率/%	排名变化	城市	发展类型	得分变化率/%	排名变化
保定市	1	19.24	↑15	济南市	3	47.06	↑30
杭州市	1	31.10	↑12	吉安市	3	23.90	↑25
南昌市	1	17.61	↑2	中山市	3	23.61	↑22
厦门市	1	15.81	↑2	抚州市	3	22.48	↑18
深圳市	1	9.44	—	南京市	3	32.67	↑14
贵阳市	1	9.87	↓5	湘潭市	3	16.72	↑12
重庆市	1	5.60	↓13	乌海市	3	15.87	↑11
天津市	1	−23.18	↓32	株洲市	3	15.01	↑9
桂林市	2	24.78	↑25	黄山市	3	14.72	↑8
赣州市	2	20.60	↑18	衢州市	3	14.74	↑8
宁波市	2	25.79	↑18	玉溪市	3	7.71	↑7
苏州市	2	28.47	↑15	郴州市	3	7.30	↑6

城市	发展类型	得分变化率/%	排名变化	城市	发展类型	得分变化率/%	排名变化
淮安市	2	24.66	↑15	金华市	3	14.37	↑6
乌鲁木齐市	2	31.77	↑13	西宁市	3	5.06	↑3
温州市	2	21.48	↑9	兰州市	3	12.53	↑1
南平市	2	14.59	↑9	柳州市	3	11.89	—
武汉市	2	22.41	↑6	朝阳市	3	1.05	
镇江市	2	18.72	↑5	潍坊市	3	10.50	
秦皇岛市	2	16.07	↑2	嘉兴市	3	10.92	—
北京市	2	21.04	↑2	合肥市	3	13.37	↓4
青岛市	2	17.05	↑1	六安市	3	8.08	↓4
上海市	2	23.74	↑1	淮北市	3	7.85	↓5
广元市	2	11.94	↑1	长沙市	3	8.25	↓6
广州市	2	15.10	—	沈阳市	3	9.50	↓6
景德镇市	2	11.71	—	成都市	3	1.85	↓7
呼伦贝尔市	2	−7.01	↓5	三明市	3	8.78	↓8
石家庄市	2	0.64	↓6	大连市	3	8.58	↓9
池州市	2	7.42	↓6	三亚市	3	7.66	↓10
金昌市	2	−9.21	↓9	宣城市	3	1.33	↓20
晋城市	2	−9.93	↓16	安康市	3	−11.49	↓23
延安市	2	−8.15	↓20	烟台市	3	−0.99	↓27
吉林市	2	−13.49	↓26	银川市	3	−22.56	↓47
昆明市	2	−15.42	↓29	吴忠市	3	−27.65	↓52
常州市	3	40.69	↑44				

　　按试点批次分类的各指标动态比较如图 4-5 所示，低碳试点政策实施的时间越长，城市低碳发展综合得分越高。在低碳经济发展方面，三批试点城市的得分均呈现 U 型。2010～2018 年试点城市经济增长与碳排放的关系从增长性耦合转变为解耦。与 2015 年相比，第一批试点城市 2018 年在环境低碳发展方面的表现略逊于 2015 年。环境改善空间变小，治理难度增大。在低碳社会发展方面的得分和增长均高于其他批次。一方面，这说明试点政策在低碳社会建设方面的影响需要更长时间才能显现。另一方面，试点建立时间较早的城市可通过更快的低碳社会建设，弥补环境改善空间的变小。

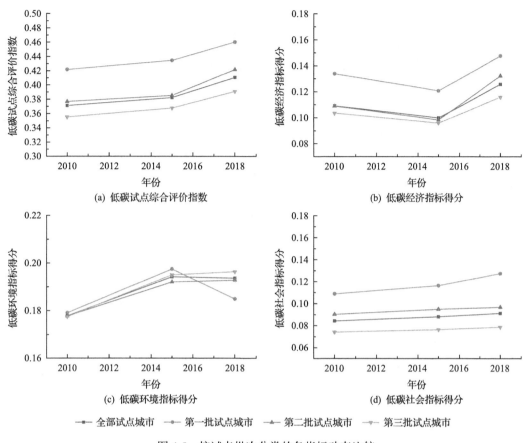

图 4-5　按试点批次分类的各指标动态比较

4.2.3　按城市发展特点分类的动态评估

从试点城市发展特点角度出发，与 2010 年相比，所有中心城市在 2018 年的低碳发展综合得分均有所提升。长沙市、沈阳市和成都市的综合排名虽有所降低，但降幅较小。其他京津冀、长三角、珠三角城市的低碳发展综合得分在 8 年间也都有所增加。其中，常州市综合得分上涨 40.69%，名次上升 44 位。但宣城市的得分涨幅较小，综合排名下降了 20 位。各老工业基地城市的低碳发展成效两极分化严重。济南市表现最优，其综合得分上涨超过 47%，而吴忠市的综合得分则下降了 27.65%，排名下降了 52 位。这两个城市分别是所有试点城市中综合得分增长最多和排名下降最大的城市。资源型城市中综合得分下降的城市数量占比最多，2018 年，三分之一的资源型城市的低碳发展综合得分小于 2010 年。赣州市是这类城市中低碳发展成效最好的城市，综合得分和排名分别上涨 20.60% 和 18 位，在所有试点城市中表现并不突出（表 4-8）。

表 4-8　2010～2018 年试点城市分类型低碳发展综合评估动态比较

城市	发展类型	得分变化率	排名变化	城市	发展类型	得分变化率	排名变化
苏州市	中心城市	28.47%	↑15	延安市	资源型	−8.15%	↓20
南京市	中心城市	32.67%	↑14	济南市	老工业基地	47.06%	↑30
杭州市	中心城市	31.10%	↑12	桂林市	老工业基地	24.78%	↑25
武汉市	中心城市	22.41%	↑6	保定市	老工业基地	19.24%	↑15
北京市	中心城市	21.04%	↑2	乌鲁木齐市	老工业基地	31.77%	↑13
上海市	中心城市	23.74%	↑1	湘潭市	老工业基地	16.72%	↑12
深圳市	中心城市	9.44%	—	株洲市	老工业基地	15.01%	↑9
广州市	中心城市	15.10%	—	镇江市	老工业基地	18.72%	↑5
长沙市	中心城市	8.25%	↓6	西宁市	老工业基地	5.06%	↑3
沈阳市	中心城市	9.50%	↓6	兰州市	老工业基地	12.53%	↑1
成都市	中心城市	1.85%	↓7	景德镇市	老工业基地	11.71%	—
吉安市	生态型	23.90%	↑25	柳州市	老工业基地	11.89%	—
抚州市	生态型	22.48%	↑18	朝阳市	老工业基地	1.05%	—
淮安市	生态型	24.66%	↑15	淮北市	老工业基地	7.85%	↓5
黄山市	生态型	14.72%	↑8	石家庄市	老工业基地	0.64%	↓6
衢州市	生态型	14.74%	↑8	重庆市	老工业基地	5.60%	↓13
南昌市	生态型	17.61%	↑2	吉林市	老工业基地	−13.49%	↓26
厦门市	生态型	15.81%	↑2	银川市	老工业基地	−22.56%	↓47
六安市	生态型	8.08%	↓4	吴忠市	老工业基地	−27.65%	↓52
贵阳市	生态型	9.87%	↓5	宁波市	沿海开放型	25.79%	↑18
三明市	生态型	8.78%	↓8	温州市	沿海开放型	21.48%	↑9
安康市	生态型	−11.49%	↓23	秦皇岛市	沿海开放型	16.07%	↑2
昆明市	生态型	−15.42%	↓29	青岛市	沿海开放型	17.05%	↑1
赣州市	资源型	20.60%	↑18	大连市	沿海开放型	8.58%	↓9
乌海市	资源型	15.87%	↑11	烟台市	沿海开放型	−0.99%	↓27
南平市	资源型	14.59%	↑9	天津市	沿海开放型	−23.18%	↓32
玉溪市	资源型	7.71%	↑7	常州市	其他京长珠	40.69%	↑44
郴州市	资源型	7.30%	↑6	中山市	其他京长珠	23.61%	↑22

续表

城市	发展类型	得分变化率	排名变化	城市	发展类型	得分变化率	排名变化
广元市	资源型	11.94%	↑1	金华市	其他京长珠	14.37%	↑6
潍坊市	资源型	10.50%	—	嘉兴市	其他京长珠	10.92%	—
呼伦贝尔市	资源型	−7.01%	↓5	合肥市	其他京长珠	13.37%	↓4
池州市	资源型	7.42%	↓6	宣城市	其他京长珠	1.33%	↓20
金昌市	资源型	−9.21%	↓9	三亚市	旅游	7.66%	↓10
晋城市	资源型	−9.93%	↓16				

注：其他京长珠为其他京津冀、长三角、珠三角地区的简写。

按试点发展特点分类的各指标动态比较如图 4-6 所示，中心城市在综合评估和低碳社会方面的得分明显高于其他类型城市，且经济增长与碳排放的解耦关系也更明显。资源型城市在各方面的表现最差。其他京津冀、长三角和珠三角城市在2010～2018 年的综合评估得分增长也较快，这主要归功于其在低碳环境方面的改善普遍优于其他类型城市。

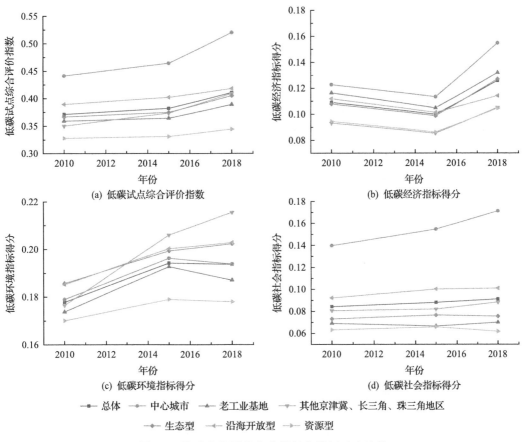

图 4-6 按试点发展特点分类的各指标动态比较

4.3　城市未来低碳发展方向：障碍因子诊断

在分析研究低碳城市试点综合评估指数结果的基础上，通过障碍因子诊断模型，对其中主要障碍因子进行提炼分析，有利于为提升试点城市低碳发展水平提出针对性改善措施。

因子障碍度计算方法如下：

$$I_{ij} = 1 - R_{ij}$$

$$O_{ij} = \frac{I_{ij} \times F_j}{\sum\limits_{j=1}^{31} I_{ij} \times F_j} \times 100\%$$ 　　　　　(4-1)

$$N_{ij} = \sum O_{ij}$$

式中：O_{ij} 为单项指标对总目标障碍度；N_{ij} 为准则层指标障碍度；F_j 为因子贡献度，即单项指标权重；I_{ij} 为单项因子偏离度；R_{ij} 为单项指标标准化值。

各发展类型城市的二级指标障碍度如图 4-7 所示。低碳生产、低碳消费和城市建设水平是制约试点城市低碳发展的主要障碍因素。其中低碳生产和低碳消费因素对中心城市的低碳发展阻碍作用最显著，障碍度分别为 30.41% 和 30.04%。此类城市应该大力发展低碳产业并提倡低碳生活方式与消费模式，建立环境友好的"绿色经济"。其他五类城市还应加强绿色基础设施建设，并改善居民的教育、医疗和就业水平，促进城市低碳发展水平的提升。

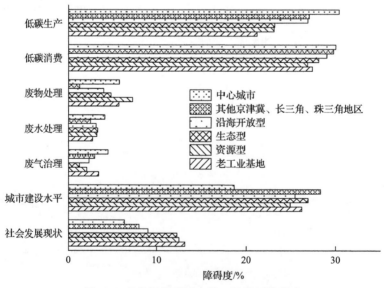

图 4-7　各发展类型城市的二级指标障碍度

各类型代表性城市的三级指标层主要障碍因子和相应的障碍度表 4-9。污水处

表 4-9　典型城市三级指标层主要障碍因子和相应的障碍度

类型	城市	项目	指标排序		
			1st	2nd	3rd
老工业基地	朝阳市	障碍因素	C24	C3	C13
		障碍度	15.75%	9.19%	8.87%
	吉林市	障碍因素	C24	C18	C13
		障碍度	14.11%	10.54%	8.73%
	济南市	障碍因素	C24	C13	C14
		障碍度	12.93%	7.82%	6.59%
其他京津冀、长三角、珠三角地区	常州市	障碍因素	C24	C13	C14
		障碍度	13.52%	8.83%	7.45%
	宣城市	障碍因素	C24	C3	C13
		障碍度	14.55%	9.61%	9.19%
生态型	六安市	障碍因素	C24	C13	C3
		障碍度	13.79%	9.01%	8.49%
	安康市	障碍因素	C24	C3	C13
		障碍度	15.04%	9.43%	8.41%
沿海开放型	天津市	障碍因素	C3	C24	C13
		障碍度	10.62%	8.74%	7.98%
	烟台市	障碍因素	C24	C3	C13
		障碍度	14.24%	9.85%	8.82%
资源型	呼伦贝尔市	障碍因素	C24	C18	C13
		障碍度	15.56%	9.37%	8.98%
	赣州市	障碍因素	C24	C13	C14
		障碍度	12.40%	8.73%	7.36%
	金昌市	障碍因素	C24	C13	C18
		障碍度	13.67%	9.25%	9.46%
中心城市	北京市	障碍因素	C3	C13	C14
		障碍度	7.47%	6.27%	5.29%
	深圳市	障碍因素	C3	C18	C17
		障碍度	8.85%	6.16%	2.68%

理能力(C24)是大部分城市最重要的阻碍因素。相关城市应加大基础设施建设，提高城市低碳建设水平。对于较发达的城市，如北京市、深圳市和天津市，单位GDP能耗下降率(C3)对于其低碳发展阻碍最大，这些城市应重点关注产业的绿色低碳发展。济南市、常州市、赣州市和北京市的公交出行相关因素(C13、C14)障碍度较高，可以着重通过增加公交车保有量、优化公交线路和鼓励居民绿色出行等措施提高低碳发展水平。

第5章 分部门及不同类型城市的低碳发展模式

5.1 基于全要素生产率的城市部门低碳发展决策

结合我国区域间发展不平衡不充分的现状与高质量发展的要求,低碳城市的建设理应考虑不同城市间的规模差异,考虑欠发达地区的经济发展需要(蒋尉,2021)。我国不同地区的区域差异非常明显。比如,北京市、深圳市等发达城市已经基本完成工业化,部分已经实现达峰,接下来低碳建设的工作重心在于避免达峰平台期,发力交通(Yang et al., 2017)与建筑部门(Qin et al., 2013)减排;但是中西部地区的城市可能刚刚进入工业化起步阶段,包括贵阳市、乌鲁木齐市、广元市等,在可预见的未来工业部门能源需求会急剧增加;还有些资源枯竭型城市与重工业为支柱的城市,如唐山市、济源市,原本主要依托高耗能产业发展,需要加快转型,探索以绿色低碳为导向的新的发展道路;有些城市如成都市、杭州市,作为区域城市群的核心引擎,吸纳了大量周边人口,是我国城市群规划的试验田,理应探索不同的发展道路。为了全面适应不同类型城市的低碳发展需要,应采取一定的分类方法对城市进行具体研究(邓荣荣和胡玥,2021)。

在城市低碳发展评估指标体系的基础上,还需要在部门层面考察城市低碳发展情况。城市是一个复杂的社会经济环境系统,一般可以将城市系统划分为工业、交通、建筑三个子系统,对于处于不同发展阶段的城市,三个子系统的能源利用效率、综合投入产出效率均有较大的区别(Mohsin et al., 2019)。例如,一线城市的工业部门具备集聚优势,整体利用效率高,而由于人口密度大,往往存在交通资源紧张的问题;资源型城市有良好的工业基础,但由于能源结构偏化石能源,以及工业产业附加值低,工业部门往往是改良总体效率的关键;部分区域核心城市正处于人口高速增长期,在可预见的未来有大量人口迁入,聚焦低碳建筑更有利于降低整体碳排放(O'Brien et al., 2018)。把握城市发展的核心矛盾,聚焦城市的关键减碳部门能使低碳城市建设起到事半功倍的作用(Cheng et al., 2013)。

本书提出基于全要素生产率(TFP)的城市低碳发展评估指标体系,作为整体城市低碳发展评估指标体系的细化和补充。基于 TFP 的城市低碳发展评估指标体系可分为城市表现、部门表现、部门表现驱动因素三个层面,重点聚焦决定城市低碳表现的三大部门,即城市的工业、交通、建筑部门。工业部门泛指城市的工业生产部门,交通部门包括城市的公共交通体系、客运与货运交通体系,建筑部门泛指城市的居民建筑部门与公共建筑部门,还包括城市的整体生态环境。

基于 TFP 的城市低碳发展评估指标体系所面向的问题主要有两点，一是如何构建"评建结合"、能引导城市下一步行动的指标体系（Yang et al.，2018）；二是帮助分析具体城市在具体部门有哪些优势与转型道路上的阻碍，可以采用什么样的政策手段更好发挥城市优势、解决低碳转型障碍（Shi et al.，2018）。

TFP 的概念最早由索洛在经典增长模型索洛模型中提出。索洛模型将无法用资源投入解释的增长解释为资源利用效率的提高，TFP 反映了投入-产出系统对投入要素的利用效率。已知一个经济系统的投入与产出水平，可通过生产函数拟合求得经济系统的 TFP，也可以通过构建生产前沿面、拟合径向函数的方法求得经济系统的 TFP。使用径向函数的好处在于可以将非期望产出纳入考虑。目前最有影响力的 TFP 比较研究项目是 KLEMS，由哈佛大学和日本庆应大学联合发起，将能源作为生产函数的一部分纳入考虑，并考虑碳排放这一非期望产出。

新常态下，城市的发展模式，应从要素驱动逐渐向效率驱动、创新驱动转化，从着眼于单独的经济指标转为着眼于整体的综合指标。基于 TFP 的城市评估指标反映既定城市禀赋与资源投入水平下，以最小碳排放、最小废排放获取最大期望产出，符合低碳城市的建设目的，同时也考虑到了不同城市间规模的差异。

对于低碳城市而言，二氧化碳排放是城市经济系统的非期望产出，利用效率高意味着投入同样的劳动力、能源、资本，城市可以创造更大的经济价值而排放更少的二氧化碳，因此，基于 TFP 的城市低碳评估指标符合低碳城市的内涵，城市总体与部门作为投入-产出系统的 TFP 可以反映城市总体和重要排放部门低碳发展水平的高低。城市总体及部门的 TFP 估值排名越高，则说明城市总体或部门的低碳发展水平较高。

基于 TFP 的城市低碳发展评估指标选取的基本原则是科学性、系统性、可得性。构建指标体系的目的是忠实地反映和量化低碳城市的内涵，通过递进的指标结构，帮助决策者发现城市部门表现和总体表现的联系，从而辅助决策者进行针对性地制定政策。

将城市视为由三个主要部门组成的投入-产出系统，通过使用方向性距离函数（DDF）可以对城市总体的 TFP 进行测度。城市系统的输入主要包括劳动力即常住人口数、能源消耗量与资本存量，产出包括 GDP 这一期望产出与二氧化碳排放、工业固废等非期望产出，非期望产出可以通过将指标距离生产前沿面的方向设置为反向来表征。具体到部门层面，则分别考虑不同部门的不同形式的产出：交通部门主要考虑运输周转量、客运量为期望产出；工业部门主要考虑工业增加值为期望产出；建筑部门考虑第三产业增加值为期望产出。

部门 TFP 反映了部门的资源利用效率，其主要受到三方面因素的影响，包括所在城市的能源结构、资源利用效率与投入资源的循环利用水平，即将非期望收入转化为期望收入的比例,依据此三方面因素可选取分部门具体的评估指标,见表 5-1。工业部门选取煤炭占一次能源比重、单位工业人口产值、资本闲置率、单位增加值能耗、工业固废综合利用率、工业废水无害化处理率;交通部门选取万人公共汽电车数、新能源汽车比率、出租车空驶率、物流业产值占比、单位里程人均排放、路网平均车速、绿色出行比例(Zhang et al.,2016);建筑部门选取人均绿地面积、资本闲置率、绿色建筑占比、生产性服务业占比、环境设施建设投资额占比、生活污水处理率、生活垃圾无害化处理率。

表 5-1　基于 TFP 城市综合低碳评估指标体系

总体 TFP		
工业 TFP	交通 TFP	建筑 TFP
C1. 煤炭占一次能源比重 C2. 单位工业人口产值 C3. 资本闲置率 C4. 单位增加值能耗 C5. 工业固废综合利用率 C6. 工业废水无害化处理率	C7. 万人公共汽电车数 C8. 新能源汽车比率 C9. 出租车空驶率 C10. 物流业产值占比 C11. 单位里程人均排放 C12. 路网平均车速 C13. 绿色出行比例	C14. 人均绿地面积 C15. 资本闲置率 C16. 绿色建筑占比 C17. 生产性服务业占比 C18. 环境设施建设投资额占比 C19. 生活污水处理率 C20. 生活垃圾无害化处理率

选取主要省会城市和低碳城市典型代表(共 20 个城市)作为样本,具体包括北京市、上海市、深圳市、杭州市、广州市、天津市、贵阳市、重庆市、苏州市、武汉市、成都市、合肥市、沈阳市、镇江市、西安市、唐山市、青岛市、昆明市、桂林市、郑州市。样本城市的人均 GDP、人口、人均碳排放如图 5-1 所示。每个城市的分部门碳排放总量通过自上而下方法,利用城市能源平衡表与外购电、热数据核算得到。

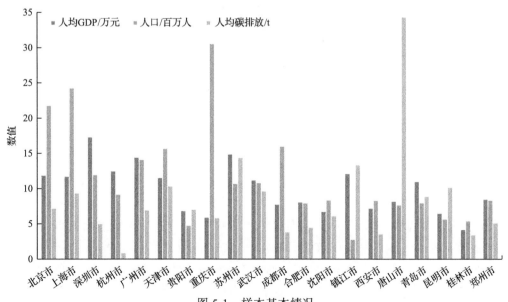

图 5-1　样本基本情况

通过人均 GDP 和人均碳排放水平两个维度，可以将样本城市分为四类，如图 5-2 所示，经济发达且人均碳排放水平较低的为领先型城市，典型代表如北京市；经济较为发达但人均碳排放水平较高的为成熟型城市，典型代表如唐山市；经济欠发达且人均碳排放水平较低的为探索型城市，典型代表如成都市；经济欠发达且人均碳排放水平较高的为后发型城市，典型代表如贵阳市。较长时间尺度下部分城市在部分指标中存在缺失值，且代表性城市人口规模和经济体量差距较大，为了确保典型代表城市之间的可比性与城市施策的针对性，在总体 TFP 与部门 TFP 分析的结果基础上，部门发展具体指标中主要选取部门责任较为明确，有可能通过政策手段取得较大改善的具体方面，包括能源结构、产业结构、工业部门循环利用效率、交通部门公共交通建设情况、客运与货运运行情况、建筑部门居民用能行为与居民部门的关键循环利用等方面进行对比讨论。

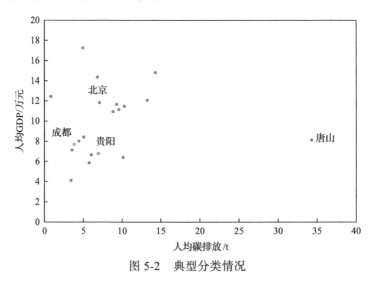

图 5-2　典型分类情况

5.2　不同类别城市的低碳发展模式分析

5.2.1　领先型城市低碳发展模式

根据测算结果，将 TFP 估值表现在所有样本中处于前五位的界定为表现优秀，处于前十位的界定为表现良好，处于后五位的界定为表现不佳，落后于整体水平。

领先型城市在总体 TFP 表现上显著优于其他类型城市，且表现持续稳定，工业部门总体也占据较大优势，尤其在固废综合处理水平上值得其他类型城市学习。但其交通部门表现欠佳，一线城市中只有深圳市的表现相对良好。聚焦到交通部门的具体指标，总体而言其在空驶率、路网速度上表现不佳，呈现出空驶率高、拥堵严重的情况。随着人口密度的上升与人均私家车保有量的提高，交通部门成为领先型城市的最大排放源，领先型城市的交通系统低效问题将会是其未来低碳发展的重要阻碍，交通系统能否绿色转型决定了城市的低碳发展前景。在具体指标上，领先型城市实现交通系统绿色转型的重点应为改善交通系统能源结构、提升客运效率，可采取的具体措施包括巩固先发优势，进一步推广新能源汽车，倡导居民使用公共交通工具从而提高公共交通工具的利用率并缓解拥堵。以公共交通为导向（TOD）推进市政交通体系开发，为其他试点城市探索先进经验，实施拥堵费或分区分时收费，增加驾车成本，提高路网速度，将资金用于支持低碳交通措施。领先型城市在建筑部门的横向对比中表现良好，具体指标上体现为生产型服务业占比高，服务业资本限制率低，环境设施建设投资额占比高。

5.2.2 成熟型城市低碳发展模式

成熟型城市在总体 TFP 表现上弱于其他类型的城市，且表现持续稳定，工业部门劣势最大，交通部门表现欠佳。聚焦到工业部门的具体指标，以唐山市为典型代表的成熟型城市化石能源占比过高，循环利用水平较低，工业部门仍然是最大排放源，能否实现低碳发展的关键在于能否实现化石能源替代。成熟型城市的交通系统低效同样可以归因于机动车占比过高，公共交通建设水平低。在建筑部门领域，以唐山市为例的成熟型城市存在普遍的资本闲置问题，生产型服务业占比过低，缺乏旅游资源导致服务业规模有限，整体效率低下。

成熟型城市应进一步推动化石能源替代，在巩固工业部门经济优势的同时，探索工业生产过程的电气化发展，在交通部门大力推广新能源汽车，加强公共交通系统的建设，扭转以工业聚集区为中心的城市交通规划，推动以公共交通为导向推进市政交通体系开发。成熟型城市在建筑部门的转型发展中应尤为注意提高绿色建筑占比，推动清洁电力入户。

5.2.3 探索型城市低碳发展模式

探索型城市起初在总体 TFP 表现上弱于其他类型的城市，但上升势头明显，工业部门表现良好，交通部门表现较差，建筑部门表现优秀。聚焦到工业部门的具体指标，以成都市为典型代表的探索型城市工业占比较低，循环利用水平较高。探索型城市的交通表现欠佳可以归因于交通基础设施承压，公共交通建设与大量的旅游出行需求相比不匹配，环境基础设施投资占比中存在短板。在建筑部门领域，以成都市为例的探索型城市表现优秀，高速发展的服务业支撑了本地经济的快速增长，同时其资本闲置率较低，旅游资源利用充分。

探索型城市应进一步加大对交通基础设施和环境基础设施的投入，在巩固建筑部门经济优势的同时，增加绿化和碳汇，尝试构建花园城市，实现环境保护和旅游资源再生产的双赢。同时应进一步采用更先进的地方电器能效标准，进一步提高绿色建筑的比例，通过宣传呼吁游客、居民共同参与绿色出行活动，实施"碳普惠"政策，鼓励全民参与共建低碳城市。

5.2.4 后发型城市低碳发展模式

后发型城市在总体 TFP 表现上弱于其他类型的城市，且表现存在下滑趋势，后发型城市工业部门劣势最大，交通部门和建筑部门表现较好。聚焦到工业部门的具体指标，以贵阳市为典型代表的后发型城市过于依赖煤炭，循环利用水平较低，工业部门排放正在快速增长，能否在能源需求急剧增加的阶段实现能源清洁化是其未来发展的关键。后发型城市的交通系统表现相对良好可以归因于机动车保有量较少，居民出行需求可以被绿色出行方式覆盖。在建筑部门领域，以贵阳市为例的后发型城市存在生产型服务业占比过低的问题，但其总体效率有一定上升趋势。

后发型城市应进一步推动化石能源替代，加大对本地清洁能源如光伏、风能、水电的应用，力争在工业化关键阶段提高清洁能源利用占比，同时应利用后发优势，从领先型城市引进固废管理技术和方法，在工业园区的设计初期加装循环利用系统或预留加装空间，提高生产性服务业的比重，持续大力推动如云服务器存放等新兴产业的发展。

经过探索总结，低碳试点政策的有益尝试有望为全国做出表率。政策试点一般包含"先行先试"和"由点到面"两个阶段，政策"试点-扩散"的过程从本质上是我国政策创新与扩散的过程，目前已开展的三批低碳城市试点工作就遵循着这样的政策逻辑。试点的意义是试出问题、解决问题、积累经验，从前三批试点城市评估结果来看，试点城市取得了节能减排成效，理清了政策实施脉络，也暴露了目标设定、动力转换等问题。"双碳"目标下低碳城市试点将成为有力政策工具，积累的经验也为其他城市提供有益借鉴。接下来，选取北京市、唐山市、成都市、贵阳市分别作为领先型城市、成熟型城市、探索型城市、后发型城市的典型代表，对其低碳转型发展中的问题、解决方案、未来发展建议进行详细介绍。

第6章 领先型城市低碳发展研究——以北京市为例

6.1 领先型城市北京市低碳发展的背景与现状

2020年碳达峰碳中和目标的确立丰富了城市低碳发展的时代背景。2021年度政府工作报告将"扎实做好碳达峰、碳中和各项工作"列为重点工作,并要求"制定2030年前碳排放达峰行动方案"。在此背景下,中央相关部委已经明确要求各地制定出台切合本地区的碳达峰行动规划,生态环境部表示将碳达峰工作进程效果纳入中央环保督察,这意味着各地都将研究制定并严格执行碳达峰的时间表、路线图。

"双碳"目标下,领先型低碳试点城市的战略地位进一步加强,面临的挑战也更加复杂艰巨。低碳政策支持力度不断提升,低碳城市迎来绿色转型战略窗口期。行政层面,各地将编制专项规划以及落实编制碳达峰、碳中和方案,大力推进工业、建筑和交通等重点领域低碳转型。市场层面,涉及2225家发电企业的全国碳市场第一个履约周期正式启动,全国碳排放权交易市场即将上线。"双碳"目标正带动产业、技术、商业模式及全社会环保理念的全面变革,将形成绿色发展的政策合力,改善低碳城市建设中政府唱"独角戏"的现象,以北京市为典型代表的领先型低碳试点城市作为"先行者"更应加快探索低碳减排与经济增长的共赢路径,强化推进"双碳"目标信心,争取在碳中和道路上成为表率与引领。

领先型城市多为发展程度高的一线城市,本章以北京市为领先型城市的代表,对其低碳发展模式进行说明。北京市作为全国政治中心、文化中心、国际交往中心以及科技创新中心,具有政治地位高、科技水平高、经济活力强的优势。作为中国首都、最发达的城市之一、高质量发展的先行城市,北京第二批被列入低碳城市试点,肩负着为不同类型地区探索低碳发展路径的使命,同时也是低碳发展方向上的领先者与积极探索者。

北京市在低碳发展方面已经取得了显著成效。自2020年以来,北京市基本实现碳达峰,据北京市生态环境局相关负责人介绍,2020年北京碳强度比2015年下降23%以上,超额完成"十三五"规划目标,碳强度为全国省级地区最低(廖虹云等,2022)。

北京市具备进一步推动低碳发展的诸多优势,包括第三产业占比高、能源结构较清洁,2019年北京第三产业占比高达83.5%,煤炭在全市能源消费中的比重仅为

1.9%，城镇天然气管线达 2.8 万 km，全市基本实现清洁供热。北京市"十四五"规划和 2035 远景目标中指出，推动碳排放下降成为未来的主要目标；大幅提高能源资源利用效率，实现碳排放稳中有降是北京市未来五年要完成的主要目标。

中国始终高度重视发挥城市在落实气候行动目标中的积极性和创造性，低碳城市建设在中国的低碳发展战略中占据重要地位，北京市是低碳试点城市中发达城市的典型代表。2008 年，世界自然基金会在中国开展了低碳城市发展项目，选取保定和上海作为首批试点城市。2010 年，国家发改委正式启动国家首批低碳试点，后续 2012 年和 2017 年又分别公布了第二批、第三批试点名单，以期通过低碳试点政策来累积低碳发展的重要经验进而全面推广，从而推动落实中国政府所承诺的二氧化碳排放强度下降目标。低碳城市试点开创了顶层设计和试点示范相结合的治理模式，不仅成为检验气候变化政策的"试验田"，也为城市创新发展注入了新活力。

2030 年前实现碳达峰，2060 年前实现碳中和，是我国为应对全球气候变化而做出的庄严承诺，也是"十四五"和 2035 远景时期经济社会发展的主要目标之一。城市地区承载着我国 60%的常住人口，碳排放量占总量的 70%以上，必然在碳达峰、碳中和进程中扮演更重要角色。碳达峰政策框架逐步明晰，"硬约束"下低碳城市将继续发挥引领示范作用。

6.2 领先型城市北京市低碳发展转型实践

自 2010 年成为我国第二批低碳试点城市以来，北京市在低碳发展领域做出了许多突出成果，在全国起到了示范带头作用。

北京市率先探索建立了重大项目碳排放评估制度，尝试在已有的固定资产投资项目节能评估基础上增加碳排放评估的内容，严格限制高碳产业项目准入。2015～2017 年北京市共完成碳排放评估项目 475 个，核减二氧化碳排放量 53 万 t，核减比例达到 8.8%。

北京市着力建设规范区域碳排放权市场并探索跨区交易，表 6-1 展示了北京市低碳发展相关的主要政策文件。一是构建了"1+1+N"的制度政策体系：北京市人民代表大会常务委员会发布的《关于北京市在严格控制碳排放总量前提下开展碳排放权交易试点工作的决定》和北京市人民政府发布的《北京市碳排放权交易管理办法(试行)》构成了"1+1+N"制度中的"1+1"，北京市发展和改革委员会同有关部门制定了核查机构管理办法、交易规则及配套细则、公开市场操作管理办法、配额核定方法等 17 项配套政策与技术支撑文件，作为"1+1+N"制度中的"N"。二是探索建立跨区域碳交易市场。北京市积极与周边地区开展跨区碳交易工作，2014 年12 月，北京市发展和改革委员会、河北省发展和改革委员会、承德市人民政府联

表 6-1　北京市低碳发展的相关政策文件

类别	政策文件	发布年份
中长期	《北京市国民经济和社会发展第十二个五年规划纲要》	2011
	《北京市国民经济和社会发展第十三个五年规划纲要》	2016
	《北京市国民经济和社会发展第十四个五年规划和二〇三五年远景目标纲要》	2021
低碳专项	《北京市低碳城市试点工作实施方案(2012—2065 年)》	2012
	《北京市"十二五"时期节能降耗及应对气候变化规划》	2012
	《北京市发展和改革委员会关于组织申报低碳社区试点建设的通知》	2014
	《北京市碳排放权交易管理办法(试行)》	2014
	《北京市推进节能低碳和循环经济标准化工作实施方案(2015—2022 年)》	2015
	《北京市"十三五"时期节能降耗及应对气候变化规划》	2016
	《北京市园林绿化应对气候变化"十三五"行动计划》	2017
生态文明	《北京市生态文明示范创建管理办法(试行)》	2020

合印发了《关于推进跨区域碳排放权交易试点有关事项的通知》,正式启动京冀跨区域碳排放权交易试点。2016 年 3 月,北京市发展和改革委员会与内蒙古自治区发展和改革委员会、呼和浩特市人民政府和鄂尔多斯市人民政府共同发布了《关于合作开展京蒙跨区域碳排放权交易有关事项的通知》,联合在北京市与呼和浩特市和鄂尔多斯市之间开展跨区域碳排放权交易。

在落实减排责任主体方面,北京市建立有效的目标责任分解和考核机制,将节能减碳目标纵向分解到市、16 个区县、乡镇街道三个层面,横向分解到 17 个重点行业主管部门和市级考核重点用能单位,形成了"纵到底、横到边"的责任落实与压力传导体系。

在重点行业减排与能源结构优化方面,北京市积极推进国家生态文明建设示范区和"两山"实践创新基地创建。引导全社会践行绿色生产、生活和消费方式,形成良好的社会风尚。一是推动产业结构优化升级。北京市严格执行新增产业禁止和限制目录,严控新增不符合首都功能定位的产业,分类有序疏解存量,三次产业构成由 2015 年的 0.6∶19.6∶79.8 调整为 2019 年的 0.3∶16.2∶83.5。二是持续优化能源结构。北京市制定了《北京市打赢蓝天保卫战三年行动计划》,不断压减煤炭消费量,实施农村地区冬季清洁取暖改造,2018 年北京近 3000 个村落实现了煤改清洁能源,基本实现平原地区无煤化。2017 年,北京市最后一座大型燃煤电厂停机备用,北京市由此成为全国首个告别煤电、全部实施清洁能源发电的城市。在大力推动大气污染治理工作的同时,北京的燃煤量大幅下降,这为全市碳达峰工作打下了基础。据北京市生态环境局相关负责人介绍,2020 年北京碳强度比 2015 年下降 23%

以上，超额完成"十三五"规划目标，碳强度为全国省级地区最低。2019 年北京市可再生能源消费量达到 610.3 万 t 标准煤，占能源消费总量的 8.2%。三是构建市场导向的绿色技术创新体系。北京市印发了《北京市构建市场导向的绿色技术创新体系实施方案》，强化节能领域科技创新，加大节能技术产品研发和推广力度。四是激活节能服务市场活力。北京市搭建了节能服务中小微企业投融资综合服务平台，发挥行业协会、金融机构各自优势，推动绿色技术创新融资体系不断完善。五是推动节能技术创新。北京市按年度发布节能技术产品及示范案例推荐目录，累计推广了 273 项先进适用的节能技术产品。六是积极推动绿色消费。自 2015 年起北京市实施了为期 3 年的节能减排促消费政策，对 15 类节能减排商品给予补贴，灵活运用标准标识认证等政策，扩大节能类家电的市场占有率。七是在能源、土地利用、建筑、交通等重点排放行业开展创新专项行动。建筑方面，北京的近零排放项目利用最新技术，探索如何在保持室内舒适度的同时，大幅减少排放。中国建筑科学研究院建造的 $4025m^2$ 近零能耗试点建筑采用可再生能源系统，显著降低了总能耗。该建筑的屋顶由 144 组真空玻璃中温集热器组成，满足建筑年供暖需求的三分之一。在寒冷的冬季，以地热能为主要能量来源的地源热泵提供了 65% 的供暖需求，它也可以在夏季为建筑提供制冷服务。光伏太阳能系统为电热泵提供动力，也满足了整个建筑大部分的电力需求。试点建筑不仅实现了节能 80%，还节省了大量的水资源和材料，提高了环境标准和舒适度，是中国建筑未来减排技术发展的标杆。土地利用方面，政府鼓励植树造林，改善城市周边环境，同时建成了中国第一个垂直农场。房山区 $307hm^2$ 的林地项目开发完成后每年将封存大约 2947t 碳，同时进一步避免因氮肥而产生的氨排放，使土壤侵蚀减半。通过参与全国碳排放交易市场，每公顷林地将获得政府补贴 22500 元。该项目还帮助当地居民从森林中获取新的收入来源。除了创造 110 多个森林管理就业岗位外，这些树木结出的李子、桃子等水果也可直接出售给北京居民。此外，项目还吸引了外地游客来此欣赏全新的绿色环境。北京农众推出了全新的垂直农场，展现了未来的愿景，这是中国首个垂直农场。该设施利用智能空气循环系统，将真菌产生的二氧化碳从低层循环到高层循环，从而提高蔬菜的光合速率。这种方法减少了对化肥的需求，在人工环境中种植食物的成本较高，其中照明占运营成本的 80%。然而，由于使用了 LED 技术，北京农众工厂每年节省能源 62.5%，节省成本 1.42 亿元，减少 1680t CO_2 当量排放。社区综合治理方面，北京的低碳试点社区展示了可持续生活的图景。低碳社区试点计划于 2014 年启动，受到北京多个社区的热烈欢迎。该计划下的项目在规模和行业上各有不同，涵盖从能源和水的消耗到废弃物管理和回收率等多种问题。具体项目实施工作由村级委员会负责，突出地方参与的重要性。北京师范大学的研究人员参与监测了三个试点社区的工作进展，并且估计仅这三个社区每年减少的碳排放就超过 20 万 t。蜜南社区的一个案例是"绿色餐厨屋"项目，每天处理 36t 餐厨垃圾（李颖等，2021）。该项目通过处理有机物质，将其转化为一种有价值的堆肥产品，免费提供给居民使用。该计划非常成功，北京的其他几个社区也在效仿蜜南社区的做法。通过促进彻底的改变，北京希望在社区内引发可持续变化的连锁反应。交通方面，政府推广基于应用程序的拼车方式，致力于减少私家车出行和空气污染。

在对外合作交流、共同开展减排活动方面，北京市通过成功主办三次"中美气候智慧型/低碳城市峰会"，充分利用峰会的交流平台和交流机制，宣传中国近年来的低碳发展成果，借鉴美国州、市在低碳转型过程中的经验和教训，扩大中国城市管理者的国际化视野，触动城市低碳转型的内生动力。

党的十九大以来，低碳发展成为"十四五"时期北京经济社会高质量发展的重要内涵之一，是北京市未来发展的重要方向。在推进能源绿色低碳智慧转型方面，北京市"十四五"规划中提到切实转变城市能源发展方式。坚持集约高效、绿色低碳、系统优化，强化全生命周期管理，推动能源新技术应用与智慧城市融合。落实可再生能源优先的理念，将可再生能源利用作为各级规划体系的约束性指标，实现与城市建筑、基础设施、现代农业设施、矿山修复治理的融合发展，推进光伏、热泵等可再生能源技术规模化应用，有序推进源网荷储用一体化发展。推进既有建筑能源系统绿色智慧化改造，统筹供热与制冷系统耦合应用，统筹生产生活热水供应。推动城市副中心、大兴国际机场临空经济区、未来科学城等重点功能区创建绿色能源示范区，新建功能区可再生能源利用比重不低于20%。加大绿色电力调入力度，加快构建适应高比例、大规模可再生能源发展的新一代电力系统。到2025年，北京市可再生能源消费比重达到14%左右，煤炭消费量控制在100万t以内。统筹本地及周边区域电源设施布局，提升分区电源支撑能力和分布式能源系统保障能力。优化完善环京特高压环网及下送通道，推进北京东—通州北、北京西—新航城500kV等通道建设，提升北京电网"多方向、多来源、多元化"受电能力。到2025年，外送通道输电能力增加到4300万kW。规划建设亦庄南、CBD等500kV输变电工程，完善主网结构和城市重点负荷区域220kV电网结构，建成源网储辅协调、分区互联互济的高可靠智能化城市配电网，全市供电可靠率达到99.996%。发挥电力在能源互联网中的纽带作用，加强电力需求侧管理，建设虚拟电厂，完善电力辅助市场，提高电力系统灵活性和调节能力，增强分区保障能力。利用先进储能系统，建成多路径"黑启动"电源，开展重点负荷区域、重要用户应急储能与调峰系统重构，构建电源、电网和用户三方协同综合应急保障体系。提高天然气供应保障能力。完善陕京输气系统，联结中俄东线、海上液化天然气输气通道，形成"三种气源、八大通道、10MPa大环"的多源多向天然气供应格局。完善市内管网输配系统，有序实施密云、城南、平谷三座门站及配套系统，实现六环路高压A管网成环。投运天津南港LNG接收站及外输管线工程，到2025年北京市储气能力达到国家考核要求。持续扩大管道燃气城乡覆盖，提高中心城区管道天然气接通率。探索生态涵养区、山区清洁供气新方式。制定瓶装液化石油气替代措施，规范治理液化石油气市场。有序控制天然气使用规模。建设清洁低碳城乡供热体系。优化"集中热网+区域热网+城镇供热+农村清洁供热"的体系化布局。实施中心热网分区管理，加强与需求端区域供热制冷的高效匹配，整合区域供热系统，优化分布式源点建设布局，加快推进智能供热系统建设。提升中心城区供热保障水平，建成鲁谷北重、左家庄二期等西部、南部薄弱地区热源及配套热网工程，打通热网断头断点，替代散小锅炉，推进热电中心等各类余热深度利用。优化新城地区供热网络布局，建成昌平未来科学城等区域配套热网，提高重点区域清洁供热水平。大力发展乡镇地区热泵、太阳能、储能蓄热等清洁供热。到 2025 年，可再生能源供热面积占比达到 10%以上。保障清洁油品供应。优化调整油品设施布局，加快管网系统智能化改造，改建石楼等油库。完善成品油储备，加强成品油市场监管，保障北京地区成品油高品质稳定供应。

6.3　领先型城市北京市低碳发展评估结果

依据多层次城市低碳发展评估指标体系，北京市工业部门低碳发展水平优秀，位于样本中的前五名，在主要的 20 个城市样本中处于领先地位，交通部门低碳发展水平较低，在主要的 20 个城市样本中处于中下游水平，建筑业低碳发展水平较高，在主要的 20 个城市样本中处于领先地位，图 6-1 展示了总体发展的关键指标情况。

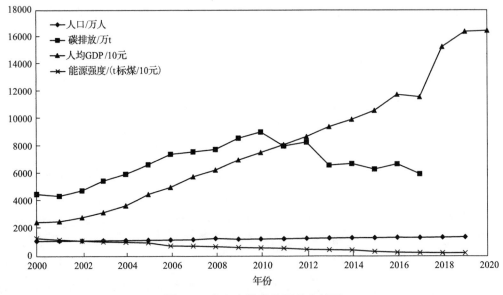

图 6-1　北京市低碳发展基本情况

北京市是典型的先发城市(图 6-2)，工业在国民经济结构中占比低，工业总排放规模较低，相对其他部门碳排放强度高，得益于北京市通过有力的行政手段所维持的去煤炭化的能源结构，北京市工业效率表现优秀。

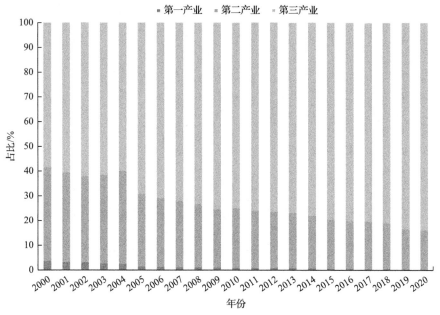

图 6-2　北京市产业结构

2015 年北京市实现核心区基本"无煤化"，2018 年实现全市基本无燃煤锅炉，平原地区基本"无煤化"。北京市燃煤消费量从峰值的 3000 余万 t 降至 2020 年的 173 万 t，累计减少 94%；电力、燃气等清洁优质能源占比提高到 98.1%，在北方城市中率先基本解决燃煤污染问题。2019 年，工业占北京市地区生产总值的 12%，工业碳排放约占全市的 24.48%。2013 年，作为全国首批开展碳排放交易试点省市之一，北京市正式启动碳市场工作。然而，开展试点工作并非一帆风顺。在缺乏法律支持的情况下，很多工作只能依靠行政手段推进。自碳市场建设以来，北京市数十家高耗能企业关停退出，并带动了一批低碳咨询服务、第三方核查咨询机构的发展，培养了一批环保产业。低碳咨询、碳金融等新兴业态不断涌现，节能环保服务产业蓬勃发展。截至 2020 年履约期，北京市有 843 家排放单位被纳入重点碳排放单位管理，有 622 家碳排放单位被纳入一般排放单位管理。其中，重点碳排放单位覆盖了电力、热力、航空等 8 个行业，参与履约的重点碳排放单位 100%实现履约，全年试点碳市场配额成交量达 470 万 t，交易额达 2.45 亿元，市场总体供需平衡，成交价格保持了增长趋势，体现了碳配额资源的价值趋向。经过 7 个履约季的运行，减排效果明显。北京市工业系统资源循环利用水平一直处于全国前列，工业固体废物综合利用率在正常生产年份持续逼近 90%以上，废水与 SO_2 排放数据在全国处于低位水平，污水处理率持续逼近 100%(图 6-3)。

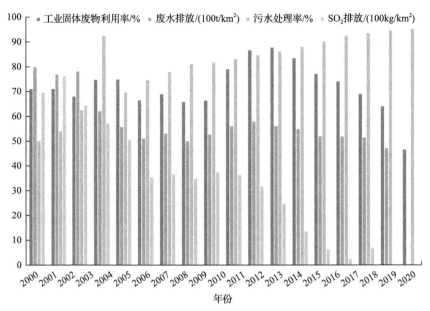

图 6-3　北京市工业系统资源循环利用情况

　　交通系统方面，图 6-4 和图 6-5 展示了关键指标情况，北京市常年执行较为严格的限行与限号政策，但受制于庞大的人口总量与出行需求，交通部门减排始终是全局减排工作中形势最严峻的。经过十余年的探索，交通领域碳减排已经取得了明显成效。城市交通碳排放总量增速由"十一五"时期的 10% 下降到"十三五"时期的 4%，其中交通行业的碳排放已经在"十三五"时期实现"减量发展"，也出现了碳达峰的迹象，主要得益于市中心城区绿色出行比例的上升。截至 2021 年，北京市中心城区的绿色出行比例已经达到 73.1%，短期看，并不会有太多的增长空间，

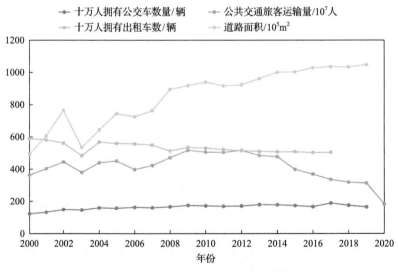

图 6-4　北京市公共交通系统运行情况

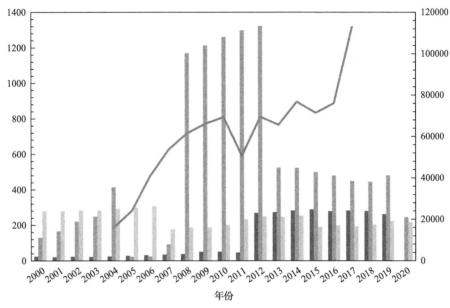

图 6-5　北京市客运、货运交通系统运行情况
右轴为交通运输固定资产投资

因此，碳减排应该有更多的适应特大城市交通发展的思路，包括着力推动市民转变观念，养成绿色出行习惯，提升绿色出行频次。北京市建设有全国规模最大的公共交通系统，人均拥有公交车数量、出租车数量均在全国名列前茅，且在持续增长，但公共交通旅客运输量却呈现一定的下落趋势，从根本上改变市民的出行习惯，鼓励市民多选择公共交通出行仍然任重道远。北京市客运、货运交通系统总体规模庞大但资本利用效率不高，除去 2008 年前后北京奥运会引起的旅客运输量激增外，虽然从业人数保持稳定、交通运输业固定资产投资保持高速增长，但旅客与货物运输量增速平缓。

北京市较早开始了建筑节能发展规划，并且在积累两次奥运会举办的场馆建设经验后，对绿色建筑总体提出了更高的要求，除此之外在居民生活的各个方面，北京市表现出较高的发展水平，图 6-6 和图 6-7 展示了建筑部门关键指标的基本情况。居民生活垃圾处理率接近 100%，城市空气污染综合指数持续下降，标志着空气质量逐渐好转，空气污染减少，人均绿地面积持续上升并保持较高水平。同时，从居民部门日常用能、用水数据来看，北京市生活用电占社会总用电量的比重逐年增大，居民部门的减排会成为最值得关注的部分。"十三五"末期，城镇民用建筑"绿色"比例超 25%，并提出力争到 2025 年，全国完成既有居住建筑节能改造面积超过 1 亿 m²。同时，推进公共建筑能效提升重点城市建设。"十四五"期间，累计完成既有公共建筑节能改造 2.5 亿 m² 以上。

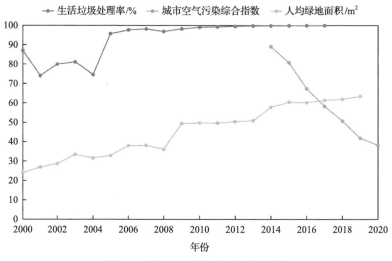

图 6-6　北京市建筑部门运行情况

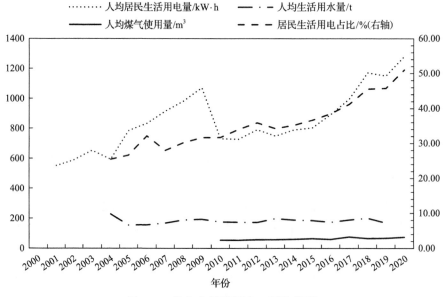

图 6-7　北京市居民用水、用能情况

6.4　领先型城市北京市低碳发展面临的困难与挑战

交通和建筑领域既是低碳发展的重点也是难点。从国家层面来看，工业是最主要的碳排放源，但对于发达城市来说，交通和建筑领域才是碳达峰的关键，这也是未来的总体发展趋势。北京市交通和建筑碳排放不仅所占比例越来越高，且保持高速增长，除非采取极强控排措施，否则很难出现峰值(Zhang et al., 2011)。一方面，人民生活水平提升必然导致交通、建筑领域的用能需求增加，排放增加；另一方面，城市低碳发展是必由之路，这是需要城市管理者智慧权衡的两难问题。交通和建筑领域的低碳发展困难集中体现为建筑改造成本高、城市设计优化成本高、低碳交通和低碳建筑的商业潜力挖掘不足（Zhao et al.，2011）。

北京市每年新增的建筑数量有限，大量人口密集集中在老城区，对老城区的低碳建筑改造是建筑部门减排的必由之路，但老城区改造存在改造搬迁难、制约因素多两大特点。对于一些城市而言，城中村改造和棚户区改造等没有限高要求，开发商以高价拿地，通过房地产开发，盖出高楼，就可以赚得盆满钵满。对于原来的城中村和棚户区居民来说，拆迁后不仅能得到新房，离开了生活条件相对恶劣的环境，还能收获不菲的补偿款，只是极少数搬迁户认为，政府和开发商都赚到了可观的收益，因此可能会趁此机会多要一些补偿，这就是拆迁通常遇到的最大阻力。相对而言，北京二环内的老旧小区和平房区的改造、搬迁，确实存在着巨大的现实困难。由于建筑限高，再加上基础设施改造成本、搬迁后新房和补偿款的成本、开发和再建设的成本等叠加到一起，承包商面临较大亏损。如果是一小块地到百十亩的土地还好说，可以用城市其他地区房地产开发项目的收益来补。但是如果改造范围一旦达到几平方公里，显然这项成本和开支，是政府和开发商都难以承担的。这也使得房价最高的北京市中心城区存在大面积的四合院和平房区，也使得通过城市更新打造美好城市的愿望暂时难以实现。

北京市长期存在的拥堵问题是交通效率低的主要原因之一，机动车分布集中和大运量交通工具的配给不足是拥堵问题的主要诱因。目前，北京市大量城市职能集中于四环以内，聚集着重要行政、办公、商业、文化、娱乐、教育、交通运输、科学等城市功能区，使得中心城区对居民吸引力过高，形成"强中心，弱边缘"的城市布局，直接导致中心城及中心城外区域的重要道路及轨道线路出现潮汐交通的现象（Liu et al.，2021）。其次，截至 2019 年末，北京市常住人口 2153.6 万人，较上年末减少 0.6 万人，2016 年以前北京市人口增长较快，2016 年后人口数量呈现出连续下降状态。但随着北京市机动车辆年增长率持续上升，给交通带来的压力将进一步增大，城市交通的碳排放量也将持续增加。同时，北京市民用汽车数量由 2010 年的 452.9 万辆增加到 2019 年的 590.8 万辆，占总机动车辆的比重依然高居不下，超过了 90% 的水平。私人汽车的拥有量快速增长，远超同期人口年增长率，过多的私家车将造成交通拥堵，不利于北京市低碳交通的发展。一般北京市人口密度高的区域，车辆拥有水平也更高，这与西方典型发达国家的城市中心车辆密度低、外围高的特点相反。例如，美国 90% 以上的家庭至少有一辆车，仅 10% 的家庭没有车，原因是全美国的人口密度整体较低；而在纽约这样的大都市，人口密度相对比较高，只有 46% 的家庭有车；密度最高的曼哈顿岛上，车辆拥有水平则更低，只有 23% 的家庭有车。然而，北京恰恰相反，人口密集的东城区和西城区人均拥有机动车的水平接近曼哈顿、东京核心区的两倍。机动车的中心-外围分布模式避免了城市中心的拥堵现象，但大大提高了人均行驶里程，导致能源消耗增加，中国总体人口密度普遍高于西方发达国家，城市土地资源有限，不适合采用郊区化的城市交通模式，也不适合放任机动车保有量自由增长。机动车密集分布消耗了城市中心的空间资源，如不进行限制也会影响城市交通的总体效率。停放一辆小汽车占用的土地面积达 $30m^2$，与一个人的住房和办公面积相当。一辆车需要多少个停车位？美国平均水平为 2.5 个/辆，消耗了大量的城市地面空间。在北京，一些地区停车位总量充裕，但在过去，车辆在地面乱停乱放，地下配建停车库却是空的。在城市的人口居住空间尚未得到有效满足的情况下，为小汽车提供免费停车空间不仅不经济，也不公平。过去，北京市大量的路内、路外停车场采用人工现金收费方式，缺乏现代化手段，部分停车者逃费、欠费、议价现象屡见不鲜。另外，停车执法不到位，对违法停车处理不及时，导致小汽车违法停放现象严重，同时目前北京市中心城区机动车保有密度已大大高于外围区域，须采取措施调整。结合已有的城市交通模式发展经验，加大轨道交通的供给量和大运量公共交通的供给量可以有效地缓解拥堵。以东京都市圈为例，20 世纪 70 年代，东京有 2000 多万人、200 多万辆机动车，交通非常拥堵；如今，东京人口达到 3750 万人、机动车接近 1500 万辆，交通反而更加通畅。首先是东京轨道交通取得了大发展。东京都市圈轨道客运量由 50 年前的 1000 万人次/天增加到当前近 4000 万人次/天，相当于现在北京轨道交通日客运量的 4 倍。其次是市中心小汽车出行量减少。尽管东京都市圈的小汽车总量大幅增加，市中心的道路并没有大幅增加，但交通拥堵反而明显缓解，这是因为在市中心，更多人选择公共交通出行，市中心区人均小汽车保有率减少了，增加的小汽车大部分是在市中心外围的低密度地区。东京站、新宿站等重要综合交通枢纽周边建筑容积率都超过 10，高于我国多数城市 CBD 容积率。新宿站日均进出站量 364 万人次，东京站日均进出站量 112 万人次，但这些枢纽并没有成为交通瓶颈、网络堵点，原因在于其强大的疏解能力。东京站实现了交通与建筑群的一体化，在 $2km^2$ 面积内分布了 100 多个出入口，而北京市 CBD 地区的地铁出入口仅为 17 个。东京站出站客流中，88.7%通过步行疏解，市民从交通枢纽站点下车后，通过步行即可到达单位、学校、商场等目的地，且大约 90%的步行时间在 10min 内。与东京站相比，北京南站进出站人流使用小汽车(含出租车)方式比例超过 75%，而东京站这一比例不足 3%。据统计北京南站一天抵离客流不到东京站的十分之一，车站周边却严重拥堵，原因恰在于此。城市开发强度高不一定必然带来交通拥堵，关键是要将大运量交通工具与城市高强度开发结合起来，结合得好，可以提高城市容量，减少拥堵；反之，交通模式与城市开发形态背离，会导致拥堵。

低碳交通和低碳建筑的商业潜力仍有待进一步挖掘是北京市两大低碳发展关

键部门的共性问题。低碳建筑的普及必须借助市场的力量，将低碳技术融入建材、建筑过程、建筑运行的各个环节中。目前北京市人民政府已经出台了一系列与低碳建筑有关的标准文件，如《绿色建筑设计标准》等，采取了一系列针对低碳建筑的鼓励措施，但房地产和具体供应链企业仍然在低碳发展进程中动力不足，建筑业精细管理和低碳商业模式开发仍面临较大困难。与一些发达国家相比，我国建筑业工业化程度较低、建造技术尚有提升空间，建筑业传统生产方式仍占据主导地位。我国新增建筑的工程建设每年产生的碳排放约占总排放量的 18%，主要集中在钢铁、水泥、玻璃等建筑材料的生产、运输及现场施工过程，建筑全产业链低碳化发展任重道远。同时我国是世界上既有建筑和每年新建建筑量最大的国家，北京市作为首都与全国数据显示，我国现有城镇总建筑存量约 650 亿 m^2，2020 年我国房屋新开工面积 224433 万 m^2。不少既有建筑存在高耗能、高排放的现状。随着人们生活品质不断提升，我国建筑领域的碳排放量在未来 10 年内仍会有所攀升，实现碳达峰，建筑行业节能减碳面临重大挑战。北京市作为全国新能源汽车普及的先行城市，新能源汽车保有量始终位于全国前列，但充电基础设施的相对缺乏大大限制了北京市交通系统的低碳转型。社区充电作为车主充电的最主要场景，建桩难等问题依然存在。社区充电桩数量少、利用率低、充电不方便，成为影响消费者购买和使用新能源汽车的一个重要因素。另外，公共充电设施分布不均衡导致用户需要安装多个 App 到处找桩，油车占位、充电桩不可用、充电速度慢等问题也依然较为突出。同时，各地在充换电设施详细布局规划以及落地保障机制方面做得不够到位，充换电设施与城市、电力相关规划衔接不足，导致建设用地和用电保障仍然存在问题（Zhao et al.，2017）。

6.5　领先型城市北京市低碳发展政策建议

继续加大对高精尖产业的投资研发力度，推进制造业高端绿色转型。积极编制城市温室气体排放清单，建立工业生产过程温室气体排放公布机制，及时跟踪工业排放总量，对碳排放心中有数，管理有据，在中央减排精神指导下对低碳企业给予适当补贴激励。营造良好营商环境，争取民营企业的积极配合，鼓励民营、外资企业及国有企业等主体积极投资符合首都城市战略定位的高精尖产业，常态化应对疫情背景下，抓住特殊机遇，做大新一代信息技术和医药健康两个国际引领支柱产业，做强集成电路、智能网联汽车、智能制造与装备、绿色能源与节能环保等"北京智造"特色优势产业，抢先布局光电子、前沿新材料、量子信息等领域未来前沿产业。同时应建立由市政府主要领导牵头的高精尖产业重大项目落地统筹协调机制，负责研究重大产业政策、审定重大项目方案、协调重大项目落地。由北京市产业主管部门负责，建立北京市高精尖产业项目库，对全市高精尖产业项目实行集中管理，为日常跟踪调度和服务提供支撑。

　　加强城市规划与轨道交通的有机融合，通过轨道交通场站一体化建设提高交通效率，促进绿色交通体系建设。城市规划层面应将城市道路规划布局与城市交通紧密结合，真正实现城市交通体系与城市空间结构、土地利用的协调同步。一是针对北京的空间特点，在总体道路规划中适应交通低碳化的空间布局，推广和完善慢行交通建设。慢行交通主要是指出行距离在 0.5～5km 的交通方式，一般为步行或者单车出行。因此未来城市新建道路中可同步完善和增加公交车、单车、步行专用道的设计和规划，以保障步行、自行车交通的通行效率和空间。二是加强商业步行街系统的建设。由于商业步行街服务设施密集、商业环境较好，是较为重要的人流密集区，也给城市交通带来了较大压力。因此要尽可能地在规划中重视市民步行空间的设计，如人行天桥通道、走廊和地下通道等，增加步行交通的分担率，进一步美化城市环境、拉动商业区步行街的经济消费。

　　在政策层面应进一步加大公共交通建设力度，从信息化网络建设、安全运营服务水平和补贴机制等方面采取相关措施，如加密公共交通线路网络，改善公共交通换乘条件，合理预测线路客流等，不断改善居民出行环境，提高地面公共交通服务水平。同时鼓励低能耗交通工具使用，利用财税激励和价格刺激等经济手段，进一步提高低能耗汽车的使用强度。在新能源汽车补贴退坡的大背景下，购买奖励方面，可给予贷款购买优惠政策，并提升高耗能、高排放量的汽车税收费用。在使用奖励方面，对新能源汽车在停车、道路行驶赋予优先权等，并减免一定道路附加费用；同时鼓励新能源电池汽车、电动汽车的回收利用(Shi et al., 2013)，并根据购买金额实行差异化回收补贴。可结合城市低碳和低碳交通建设的相关试点项目，推广新能源汽车的示范应用，国家可出台相关政策，借助国内外知名汽车企业以及相关研究机构，合力促进节能环保型新汽车的研发和生产。借助开展文明行车日、绿色出行周、地球周、零碳日等低碳环保活动，提倡居民采用公共交通、步行或骑自行车等绿色出行方式。增强居民健康、低碳交通出行的意识，自觉养成将城市公共交通作为出行首选的交通方式习惯。

第7章　成熟型城市低碳发展研究——以唐山市为例

7.1　成熟型城市唐山市低碳发展的背景与现状

成熟型城市多为工业化程度较高、较为依赖资源和投资驱动的城市，其经济发展水平在省内往往名列前茅，但总体呈现产能过剩、排放量极大的趋势，低碳发展面临的困难极大。以典型的成熟型城市唐山市为例，唐山市低碳发展战略与路线规划立足于唐山市"三个努力建成"目标与"三个走在前列"发展方向，立足于唐山市自身地理禀赋特点、立足于唐山市在京津冀都市圈中的战略地位。早在2010年，习近平总书记到唐山考察工作时，立足唐山市的区位特点和发展优势，对唐山市提出了"三个努力建成"目标，即努力建成东北亚地区经济合作窗口城市、环渤海地区新型工业化基地、首都经济圈重要支点。[①]"三个努力建成"指明了唐山市未来发展的奋斗目标和实现路径，为唐山市发展建设全局工作提供了根本遵循和行动指南。"三个努力建成"是唐山市精准、科学、富有远见和实践意义的城市定位，是唐山市的奋斗目标、实践主题、根本遵循，是开展城市高质量发展、低碳发展的逻辑起点。它回答了建设一个什么样的新唐山、如何建设新唐山的时代课题，回望"十四五"以来，唐山市按照"三个努力建成"目标，开始沿着"三个走在前列"（在转变发展方式、调整经济结构、推进供给侧结构性改革等方面走在前列）方向拼搏竞进。"三个努力建成"是战略目标和方向指引，"三个走在前列"是实现战略目标的战术和路径举措。2016年7月，习近平总书记在河北省唐山市考察时强调，希望唐山市广大干部群众继续弘扬抗震精神，抓住国家推动京津冀协同发展的有利时机，按照"三个努力建成"目标，再接再厉、不懈努力，全面做好改革发展稳定各项工作，争取在转变发展方式、调整经济结构、推进供给侧结构性改革等方面走在前列，使这座英雄城市再创辉煌。[①]"三个努力建成"与"三个走在前列"诠释了唐山市低碳发展的内涵，也是唐山市低碳发展的最终目标。当前，唐山市正处于大有可为的战略机遇期，也正处于全面绿色转型的关键攻坚期，必须坚定不移走生态优先、绿色低碳的高质量发展道路，加快由经济大市向经济强市转变、由要素投入型向创新驱动型发展转变、由资源依赖型向沿海开放型转变。实现"三个努力建成"目标一要推动向海发展实现新跨越，全力建设东北亚地区经济合作窗口城市。唐山

---

① 习近平. 习近平在河北唐山市考察. 新华网, (2016-07-28) [2023-04-25]. http://www.xinhuanet.com/politics/2016-07/28/c_1119299678.htm。

市有 229.7km 海岸线，未来的发展最大优势在海洋，最大的空间在海洋，最大的潜力在海洋。唐山市因煤而生、因钢而兴，更要因海而强。瞄准东北亚，深耕日韩，发挥港口核心战略资源优势，深度融入"一带一路"倡议，加快形成陆海内外联动的新时代全面开放新格局，奋力推动东北亚地区经济合作窗口城市建设实现新突破。二要推动转型发展新跨越，全力构建现代化产业体系，全力建成环渤海地区新型工业化基地。唐山市要把握新发展理念，坚持以供给侧结构性改革为主线，推动唐山市产业向高端化、绿色化、智能化、融合化发展。抢抓"一带一路"倡议、京津冀协同发展、新一轮科技革命和产业变革等重大历史机遇，全面加快环渤海地区新型工业化基地建设步伐。三要推动协同发展实现新跨越，开拓京津第二空间，全力建成首都经济圈的重要支点。唐山市要依托优越的地理位置、便捷的交通、良好的发展环境，加快承接北京非首都功能疏解，打造京津冀地区产业聚集地；加快建立"京津创造、唐山制造"的协同创新模式，打造京津科技成果转化基地；加快融入以首都为核心的世界级城市群，打造世界级城市群重要一极（表 7-1）。

表 7-1　唐山市低碳发展的相关政策文件

类别	政策文件	发布年份
中长期	《唐山市国民经济和社会发展第十二个五年规划纲要》	2011
	《唐山市国民经济和社会发展第十三个五年规划纲要》	2016
	《唐山市国民经济和社会发展第十四个五年规划和 2035 年远景目标纲要》	2021
低碳专项	《唐山市绿色家园创建活动实施方案》	2010
	《唐山市人民政府关于划定机动车及非道路移动机械低排放区的通告》	2018
	《唐山市人民政府关于倡导绿色出行实行城市公交免费乘车的通告》	2019
生态文明	《唐山市大气污染防治若干规定》	2014
	《唐山市生态文明体制改革实施方案》	2017

　　唐山市多年来一直以钢铁产量高著称，因钢建城，因钢兴旺，钢铁既是支柱产业也是决定低碳发展水平的关键产业，优化钢铁生产体系、生产格局是实现低碳发展的重中之重。唐山市是我国钢铁产能最集中的区域之一，已形成了主副行业门类齐全、上下游产业链完备的钢铁产业体系，生产活动对城市功能和环境影响较大。21 世纪的前十年，我国国民经济保持在 10%左右的增长速率，钢铁业也迎来了十年黄金发展期，产能产量节节攀升，粗钢产能由 2000 年末的 1.5 亿 t 增长到 2010 年的 6.2 亿 t 有余，2011 年全国粗钢总产量 6.83 亿 t，河北省钢铁产量 1.65 亿 t，占全国总量的 24%。而全国预估粗钢产能达 8.2 亿 t，河北地区的产能在 2.4 亿 t 左右，占全国总量的 29.3%。唐山市 45 家钢铁企业共有 144 座高炉，产能 1.2 亿 t 左

右，占河北省的 50%左右，占全国粗钢产能的 14.6%左右。2008 年以来，全国火热开展钢铁去产能行动，唐山市独占全国钢铁落后产能淘汰任务的 17%，实际上，淘汰落后产能的行动，间接刺激了中小钢铁企业对生存的追求。为了生存下去，中小企业不断加紧产线上马、大力生产、扩张合并，以小换大，我国高速城镇化的钢铁需求进一步刺激了钢铁的生产，2020 年中国钢铁产量位居全球第一，为 10.65 亿 t，同比增长 6.5%，市占率由 2019 年的 53.3%上升到 2020 年的 57.1%，唐山市生铁产量为 1.33 亿 t，占全国的 14.98%，粗钢产量为 1.44 亿 t，占全国的 13.52%，相较于 2011 年比例变化不大，2021 年前 11 个月，唐山市作为全国钢材主要城市排名第一，粗钢总产量 1.17 亿 t，高于整个江苏省产量，占全国粗钢总产量的 12.37%，占河北总量的 57.02%。

2011 年唐山市钢铁长材企业占主导地位，产能集中且增速较高。国际上通常将钢材分为长材、扁平材、钢管和其他，长材主要包括轨道钢、钢板桩、型钢、棒材、盘条与钢筋等，相较于发达国家我国长材需求量更大，长材产能过剩也更严重。唐山市调坯轧材企业、钢铁制造企业多达 300 余家，其中绝大部分为长材。主要原因一是板材生产线投资费用大、投产周期长，且大型钢厂板材的投资过剩导致长材比板材利润稍显丰厚；二是板材对专业的技术研发、创新要求高，唐山市小型生产企业不具备这些先天的条件。21 世纪前十年房地产市场活跃，助力唐山市钢企产能扩张明显，尤其是与建筑行业紧密联系的几个钢厂品种：钢坯、带钢、焊管（脚手架）、线材、螺纹、角槽等。具体到区域，2011 年唐山市迁安区域内钢铁产能所占比重较大，主要是区内占据铁矿石资源丰富、品位好的优势，首钢迁安公司（800万 t）、九江线材（600 万 t）等大型钢企落户，发展壮大；产能占比第二大的是丰南区，与京津邻近，交通优势明显，这两大区占钢铁总产能的 44%左右，产业集中度较高。至 2021 年，唐山市钢铁产能结构升级、布局变优、产业链变长，产能总量仍然十分庞大，距离有力保障唐山市实现低碳转型目标仍有不小差距。唐钢、唐银等主城区及周边钢铁企业临港临铁布局，沿海地区产能占全市的比重将由 19%提升至 50%左右，唐山市精品钢铁产业增加值同比增长 2.9%，占规模以上工业增加值的比重达到 57.9%。

"三个努力建成"与"三个走在前列"是唐山市低碳发展的根本追求，也是唐山市低碳发展的政策背景，工业低碳转型承压、转型难度大、布局有待继续优化是唐山市低碳转型的核心矛盾。

7.2　成熟型城市唐山市低碳发展转型实践

优化城市既有工业产能布局、提高城市空间利用效率、合理优化产业结构寻求产业升级是唐山市低碳发展转型实践的三大基本思路。在三大基本思路的指导下，产品迈向高端、技术瞄准高新、产能向沿海高度聚集，成为唐山市产业转型的"新三高"。唐山市出台《关于大力推进重点产业高质量发展、加快构建现代产业体系的实施意见》，明确提出，坚持新发展理念，让新兴产业"无中生有"，让支柱产业和优势产业"有中做优"，加快做优精品钢铁、现代商贸物流、高端装备制造、海洋等支柱产业，做强现代化工、新型绿色建材、新能源与新材料、文体旅游会展等优势产业，做大现代应急装备、节能环保、生命健康、数字等新兴产业。到 2025 年，12 个重点产业增加值占地区生产总值的比重达到 65% 以上。其中，4 个支柱产业营业收入达到 1.35 万亿元，4 个优势产业营业收入达到 6900 亿元，4 个新兴产业营业收入达到 2200 亿元，高端化、绿色化、智能化、融合化的现代产业体系基本形成。

为扭转"一钢独大"格局，唐山市加快转变发展方式，调整产业结构，提出"城市由内陆资源型向沿海开放型转变"，在三大基本思路与"新三高"目标的指引下，推出钢铁企业搬离城区、提高精品钢比重、优化生产工艺三大主要措施。唐山市强力实施工业企业深度治理、退城搬迁、"公转铁""双代一清"等工程，唐山市钢铁产业竞争力逐步提高，研发能力不断提升，2021 年末精品钢比重已达到 36%。2021 年上半年，唐山市高新技术产业增加值同比增长 13.3%，战略性新兴产业投资增长 16.1%。"十三五"期间，唐山市累计压减炼钢产能 3937.8 万 t，占整个河北省的 48%。"十四五"期间，唐山市沿海地区产能占全市的比重将进一步提升，搬迁项目排放标准低于河北省钢铁企业超低排放标准。同时，依托临港钢铁产业优势，大力发展重型装备、海工装备、轨道交通装备、节能环保装备，形成技术领先、配套完备、链条完整的先进制造业产业集群。以河北纵横集团丰南钢铁有限公司为例，该项目整合了丰南城区国丰钢铁等 5 家钢铁企业产能，按 1.25∶1 比例减量置换，重新布局到唐山市丰南沿海工业区，是河北省钢铁企业联合重组暨城市钢厂搬迁改造示范项目，不仅落实了产能压减，还实现了高端升级，生产的热轧卷板具有高强度、耐盐碱、耐腐蚀等特点，产品用于高速列车厢体、集装箱、家电、汽车结构件、五金工具等领域，其中烧结、轧钢加热炉、SCR 脱硫脱硝环保深度治理项目达到了世界领先水平。

与此同时，唐山市实施"海洋+"行动计划，大力发展海洋化工、海水利用、海上风电、海洋船舶工业等海洋产业。近年来通过实施"海洋+"行动，唐山市把向海发展作为城市转型的重要抓手，海洋产业已成为唐山市的重要支柱产业。昔日"钢城"正向"港城"蜕变。唐山市 LNG 接收站向京津冀地区供应天然气约 40 亿 m^3，是保障京津冀地区用气的可靠气源之一。拥有 229.7km 海岸线、4467km^2 海域面积的唐山市，是名副其实的滨海城市。正式通航 30 年来，唐山港形成了"一港（唐山港）三区（曹妃甸港区、京唐港区和丰南港区）"格局，发力建设世界一流综合贸易大港、服务重大国家战略的能源原材料主枢纽港和面向东北亚开放的重要窗口。目前，唐山港已有生产性泊位 143 个，航线通达 70 多个国家和地区的 190 多个港口；开通国际班列 6 条，在全国布局内陆港 45 个，连接中亚、欧洲地区。建设东北亚地区经济合作窗口城市，唐山市的辐射带动能力不断增强，开放格局进一步显现。2021 年，唐山港货物吞吐量达 7.22 亿 t，稳居世界沿海港口前列，成为全球排名靠前的铁矿石接卸港和钢材、煤炭输出港。河钢集团和韩国浦项联手打造的国内单体规模最大的高端汽车面板项目是近年来唐山市努力建设沿海经济崛起带、培育高质量增长极的一个缩影。建成海水淡化工程生产规模 25.22 万 t/d，海水淡化能力居河北省首位；华电曹妃甸重工装备有限公司自主研制造的 2500t/h 桥式刮板取料机技术达到国际先进水平，沿海经济带正成为唐山高质量发展的重要支点和增长极。截至目前，唐山市海洋产业体系已经成形，不仅有海洋交通运输、海洋化工、滨海旅游、海水利用四大优势产业，还有海洋盐业和海洋渔业两大传统产业，更有海上风电、海洋船舶工业等新兴产业。2021 年，唐山市沿海地区全年累计实施亿元以上项目 116 个，完成投资 857 亿元；海洋产业营业收入突破 1300 亿元，与"精品钢铁"等并列成为唐山市的支柱产业。在河北首朗新能源科技有限公司，钢铁工业尾气规模化生产高品质新型饲料蛋白项目"化腐朽为神奇"。厌氧发酵可减排二氧化碳 33%、氮氧化物 90% 以上。在唐山市沿海地区，绿色发展不仅体现在产业内的小循环，还延伸到产业间的大循环，构建起具有彼此代谢、共生关系的网络体系。采用海水淡化技术构建的"燃—热—电—水—盐""五效一体"能源高效循环利用新模式，不仅能满足自身生产生活用水，还可将剩余排废浓盐水输送至 50km 外的三友集团制碱，每年可节约原盐 60 万 t、节水 1000 万 m³。未来，唐山市将加快海陆资源整合和技术共享，构建绿色循环产业链体系，为这座"百年工业重镇"建设现代化国际滨海城市赋能。唐山市将全力推动沿海经济带高质量发展，加快步伐，努力建成东北亚地区经济合作窗口城市、环渤海地区新型工业化基地、首都经济圈重要支点，让蓝色经济成为拉动唐山市增长的新引擎。

在新兴产业构建方面，唐山市重点发力机器人产业、锂电池产业与海上风电、海洋船舶业，着力构建唐山市包括海洋运输、海洋化工、新能源与新材料、海水利用在内的新型优势产业，为了培育绿色低碳新增长点，紧抓机遇发展工业旅游，依托悠久的工业历史，深入挖掘工业文化潜力，探索了从传统资源型城市向"工业旅游城市"的转型之路。2020 年，唐山市现代化工产业化工产品精细化率达到 40%、高端化率达到 25%，技改投资完成 124.2 亿元。新型绿色建材产业增加值同比增长 1.7%，技改投资完成 192.7 亿元，技术装备水平处于国内领先水平。新能源与新材料产业增加值同比增长 19.8%，技改投资完成 698.3 亿元，同比增长 0.7%。据统计，唐山市已拥有全国工业旅游示范点 7 家、省级工业旅游示范点 3 家，文体旅游会展产业去年共接待游客 5580 万人次，实现旅游收入 638 亿元。2021 年一季度，高新技术产业增加值和战新产业增加值分别增长 29.7% 和 22.8%，其中高新技术产业增加值占规上工业比重达到16.1%，比2020年底提高了5.4个百分点。

7.3 成熟型城市唐山市低碳发展评估结果

依据多层次城市低碳发展评估指标体系，唐山市工业部门低碳发展水平较低，在主要的20个城市样本中处于落后地位，交通部门低碳发展水平较低，在主要的20个城市样本中处于中下游水平，建筑业低碳发展水平较低，在主要的20个城市样本中处于落后地位。由于投资驱动的发展模式难以为继，作为省内第一大经济市，唐山市的人口增长实际已经陷入停滞，人口规模难以走上新台阶会极大地限制向第三产业转型的努力，人均GDP增长趋势也逐渐放缓，再加上受到疫情影响的冲击，原本平稳有向下趋势的能源强度重新抬头，为唐山市的总体低碳发展带来更多阻力。唐山市低碳发展的基本情况如图7-1所示。

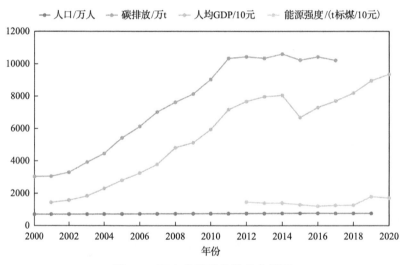

图 7-1 唐山市低碳发展基本情况

唐山市工业系统总体资源循环利用水平低，工业固体废物综合利用率常年在50%左右，废水与SO_2排放在相同体量城市中位于前列。唐山市工业部门低碳发展关键指标如图7-2和图7-3所示。

唐山市是典型的资源型、工业型城市，在发展成熟后长期受到工业控产能难、货运交通排放占比高、低碳建筑发展滞后的影响，低碳转型总体难度大。

由于钢铁产能规模十分庞大，唐山市的交通体系与建筑体系也具有鲜明的钢铁行业特点，依赖公路货运交通，发展粗放，以化石能源利用为主，以唐山市为代表的一类城市普遍面临最严峻的低碳转型形势。唐山市公共交通系统总体来说有待进一步加强，公共交通系统的扩张具有周期性，总体缺少规划，没有和市民的总体需求贴合。唐山市货运交通系统有与钢铁部门类似的问题，在钢铁部门的运输需求驱动下，货运交通从业人数一度激增，在钢铁去产能运动后运力出现过剩，但短时间内难以马上退出，使得货运交通体系总体低效。唐山市交通部门低碳发展关键指标如图 7-4 和图 7-5 所示。

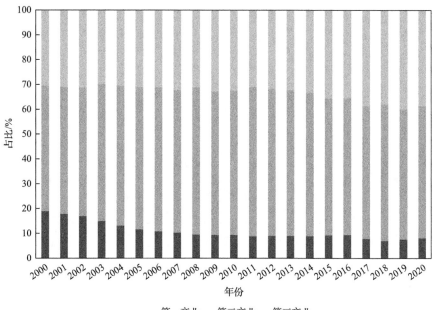

图 7-2　唐山市产业结构

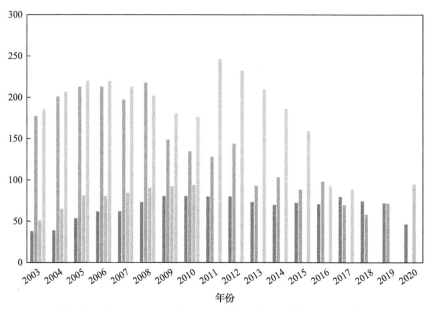

图 7-3　唐山市工业系统资源循环利用情况

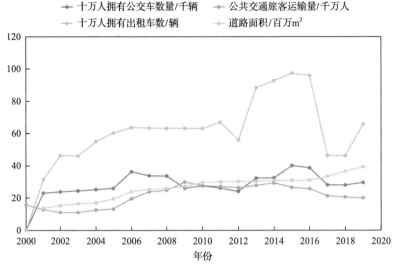

图 7-4　唐山市公共交通系统运行情况

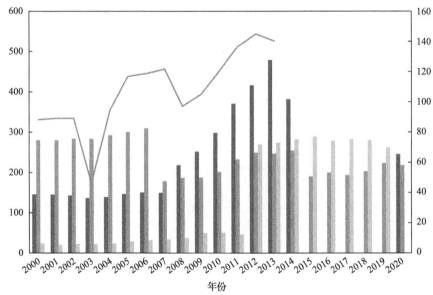

图 7-5　唐山市客运、货运交通系统运行情况

右轴为旅客运输量

　　唐山市总体生态环境在去产能运动与空气污染治理运动后有较大好转。在建筑部门运行情况方面，生活垃圾处理率总体较为稳定，但呈现极大波动，城市空气污染综合指数稳定在低点，人均绿地面积仍有待进一步提高。从居民用水、用能情况看，唐山市具备典型的工业城市特征，居民部门用电量占总社会用电量的比重较低，但值得注意的是唐山市人均生活用电量正在激增，人均煤气使用量也有较大增长，专注能源结构清洁化、降低火电比例对于唐山市居民部门减排的实际意义更大。唐

山市建筑部门低碳发展关键指标如图 7-6 和图 7-7 所示。

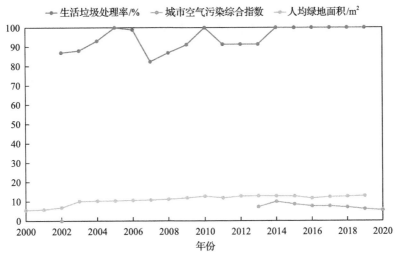

图 7-6 唐山市建筑部门运行情况

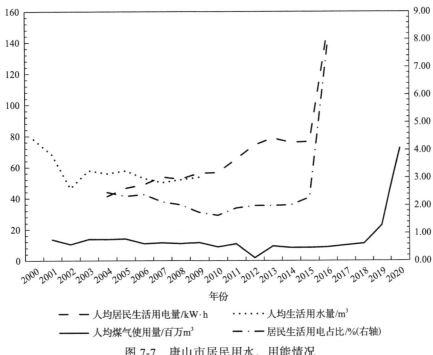

图 7-7 唐山市居民用水、用能情况

7.4 成熟型城市唐山市低碳发展面临的困难与挑战

以实现碳排放与经济发展脱钩为最终目标,以尽早实现碳达峰为近期目标,以助力全国实现碳中和为资源型城市起到示范作用为远期目标,唐山市低碳发展面临的困难在根本上可以概括为摆脱传统工业城市经济增长路径依赖，要面临的根本挑战是如何利用好区位、资源优势，重组生产要素以实现产业结构优化、产能布局优化、新兴产业发展。具体而言，唐山市所面临的挑战有以下三点，一是如何有效控制传统支柱工业产业钢铁、玻璃产能，最大限度提高传统工业的投入产出比，稳住保经济增长的优势产业；二是如何有效利用区位优势，利用好京津冀城市群的规模效应和集群效应，利用好背靠良港的地理优势，实现产能优化布局，探索出工业资源城市重新进行空间利用规划的新道路；三是如何为新兴产业发展寻找抓手，提供先期支持，妥善保护新兴产业的发展平台，培育发展土壤，创造更宽容的试错环境，向高、新、尖产业转型。

唐山市是我国的钢铁重镇，钢铁行业是唐山市传统支柱产业的缩影，钢铁行业的转型困境是唐山市低碳转型所面临困难的重要组成部分。钢铁转型困难的原因多样，主要包括以下三点。

一是钢铁产业生产机理复杂，几乎每个生产环节都存在碳排放，单独对某一工序进行优化难度大、收益有限，而整体生产线优化的固定资产投资成本高，钢铁产业先进低碳技术的推广面临重重阻碍。以钢铁生产的两种典型工艺长流程与短流程为例进行说明，高炉+转炉、电弧炉分别是长流程和短流程的核心设备，原料上，长流程采用铁矿石和冶金焦冶炼铁水；短流程采用废钢为主要原料。在经济成本上，电弧炉的建设成本较低，吨钢生产的边际成本较高。长流程炼钢工艺的源头从铁矿石、原煤开始，原煤经过洗煤、配煤后高温干馏，释放出挥发成分后得到冶金焦炭，铁矿石通过研磨磁选成铁精粉，然后以生石灰为溶剂烧结成烧结矿或者加工成球团矿（二者酸碱性不同，按比例使用中和炉内酸碱性），以上原料加入高炉后冶炼得到碳含量 4%以上的液态铁水。高炉铁水经过氧气转炉吹炼配以精炼炉得到合格钢水，钢水经过连续浇铸或模铸成为钢坯或钢锭，再经过轧制工序最后成为钢材。以上炼焦、烧结、炼铁、炼钢、轧钢的环节都会消耗大量能源，产生大量碳排放。短流程炼钢工艺的源头主要是废钢和少量铁水，废钢经简单加工破碎或剪切、打包后装入电弧炉中（避免废钢中有密闭空间引起爆炸），利用石墨电极与废钢之间产生电弧所产生的热量来熔炼废钢，并配以精炼炉完成脱气、调成分、调温度、去夹杂等功能，得到合格钢水，后续轧制工序与长流程基本相同。

相比于长流程，短流程原材料投入较少，可以通过循环利用废钢而实现生命周期内减排，但冶炼周期更长，炉体容积较小，考虑我国的主要电力来源是火力发电，电炉的大规模使用可能会给当地供电系统造成较大负担，也间接地影响到了电力系统排放。当前我国钢铁行业炼钢以长流程为主，对铁矿石原材料依赖度大，而对废钢的利用比例较低。我国长流程转炉炼钢的产量占比接近 90%，显著高于全球平均的 71.6%。我国短流程电炉炼钢占比约 10%，废钢比约为 20%，而工信部提出的目标是电炉钢占比提升至 15%～20%，废钢比达到 30%，我国炼钢原材料结构存在巨大改善空间。唐山市烧结工序主要涉及的设备为带式烧结机和步进式烧结机，以带式烧结机为主，约占总设备量的 60%；球团工序的设备分为竖炉和回转窑，约占总设备量的 70%；炼铁主要借助高炉，炼钢设备则分为电炉和转炉，炼铁消耗了钢铁生产近 70% 的能源。唐山市具备电弧炉炼钢生产能力的企业极少，截至 2019 年只有 4 家。只有约 10% 的大型钢铁企业具备焦化工序，企业生产所用焦炭大部分从周边焦化企业购入。综上可见，从全生命周期的角度，唐山市短流程炼钢占比较低，不利于全生命周期减排，且优化难度高，需要投入的成本大。

二是我国钢铁产业总量大，占全球的 57%，疫情复苏背景下，短期内钢铁需求量不会大幅下降，长期更有上升可能，控制产能将面临巨大压力。冶金工业规划研究院采用钢材消费系数法和下游行业消费法对 2022 年中国钢材需求量进行了综合预测，并考虑到不同方法的特点及各自的局限性，对这两种方法所得的结果进行加权计算，预测 2022 年中国钢材需求量为 9.47 亿 t，同比下降 0.7%。考虑到唐山市本身地理条件优越，在华北乃至全国的钢铁供应链中地位举足轻重，钢铁需求量总体下降有限的前提下如何有效去产能成为亟待解决的问题。当下限产仍然是控制产能的主要方法，以 2021 年为例，唐山市限产主要可以分为四个阶段，一是 1 月到 3 月初，唐山市地区钢厂正在执行《唐山市 2020—2021 年度秋冬季空气质量强化保障措施》。二是 3 月初唐山市发布《关于启动重污染天气 Ⅱ 级应急响应的通知》，A 级企业采取自主减排；B 级企业烧结、球团限产 50% 以上，C、D 级企业烧结、竖炉停产。3 月下旬《钢铁行业企业限产减排措施的通知》规定，唐山市松汀、中厚板、鑫达、不锈钢、春兴、金马、东华等七家企业，3 月 20 日 0 时至 6 月 30 日 24 时执行限产 50% 的减排措施，其余 16 家钢铁企业，3 月 20 日 0 时至 12 月 31 日 24 时执行限产 30% 的减排措施。三是 7 月 1 日 0 时至 12 月 31 日 24 时，唐山市松汀、中厚板、鑫达、不锈钢、春兴、金马、东华等七家企业，执行限产 30% 的减排措施。在此期间唐山市区域钢厂高炉生产相对稳定，但是对烧结机生产、集运运输调控频繁。四是《10 月份空气质量改善攻坚方案》提出，全市重污染天气绩效分级 "A" 级以下的钢铁企业烧结机执行 "昼开夜停" 调控措施；10 月下旬《唐山启动重污染天气 Ⅱ 级应急响应》提出。除了常态化的限产措施，《2021—2022 年秋冬季大气污染综合治理攻坚方案》还提到，京津冀及周边地区大气污染防治领导小组办公室定期调度各地重点任务进展情况，秋冬季期间，生态环境部每月通报各地空气质量改善情况。唐山市地区目标采暖季限产，PM2.5 浓度控制在 57.5μg/m³，重度及以上污染天数控制在 4 天。10 月 27 日，唐山市发布新二级响应文件《关于启动重污染天气 Ⅱ 级应急响应的通知》，没有对高炉进行严格的限制，但是对评级为 D 的钢厂烧结机要求停产，对比 3 月份《关于启动重污染天气 Ⅱ 级应急响应的通知》，钢厂评级下降明显，钢厂 D 级企业占比从 35% 增加至 61%，所占的产能从 35% 增加至 48%。随着等级为 D 的产能占比提高，关停烧结机的影响也有所扩大，因此很快区域内很多钢厂因为烧结矿短缺而对高炉焖炉，参考本次的二级响应执行影响，铁水产量新增影响 3 万～5 万 t/d。可以预见的是，未来限产措施的响应会更加频繁，如何有序使用限产措施，探索更具可持续性的产能控制措施，从根本上挤出供给端的过剩要素成为越来越重要的问题。

三是钢铁产业企业太多，产能相对分散，整体技术方案偏向高碳。唐山市钢铁工业产业组织结构以民营企业为主，既有河钢集团这样的产量超过 4000 万 t 的特大型钢铁联合企业，又存在着一大批粗钢年产量不足 300 万 t 的小规模钢铁企业。特大型钢铁联合企业有显著的规模效应，能有效降低单位产量碳排放，有效摊薄安装废气、废物回收利用设施的成本，促进产能进一步集中对优化钢铁行业排放表现非常重要。从横向比较来看，据世界钢铁协会数据，2019 年美国、日本、印度和韩国钢铁前 3 家企业的产业集中度均在 50%～90%，浦项制铁 2019 年粗钢产量占韩国产量的份额高达 60.4%，新日铁住金粗钢产量占日本市场份额 52%，截至 2020 年末，中国钢铁行业前 10 家企业的集中度仅为 36.8%，作为全国钢铁生产的龙头地区，唐山市钢铁行业负有进一步集中产能的带头义务，应考虑动态实现产能控制，一方面淘汰落后产能，另一方面集中先进产能，实现双管齐下。当前唐山市钢铁行业产能集中还面临两个现实问题，一是融资能力受限，限制了钢铁企业发起整合并购的能力。由于钢铁行业归类在"两高一剩"（高污染、高能耗、过剩产能行业），银行业严控对高耗能、高排放企业和产能过剩行业的信贷投放，而大部分钢企资产负债率偏高，还经历了产能过剩的盈利困难期，更难以通过融资进行并购重组。二是钢铁企业同质化竞争，经营者缺乏并购动力。多数企业在生产工艺、产品结构、管理模式上较为相近，差异化程度不足，钢铁企业经营者发起整合、并购的动力不足。考虑到减碳限产可能带来区域经济发展的压力，所以地区顶层设计还需要对钢铁生产重点领域的重点地区予以政策支持，保障经济的稳健运行。

在新兴产业扶持方面，唐山市为实现向高新产业结构转型，重点布局了工业机器人、锂电池、新能源与新材料等领域，发展高新工业，实现工业替换是走上可持续低碳道路的主要方案。以工业机器人为例，唐山市目前还存在缺乏核心竞争力、核心零部件受制于人、应用场景有限三大问题。唐山市聚集了河北省大部分工业机器人生产研发企业，代表性机构包括唐山开元机器人系统有限公司、中信重工开诚智能装备有限公司、唐山冶航机器人有限公司、唐山松下产业机器有限公司等。从产业链来看，工业机器人产业链由上游核心零部件、中游机器人本体制造、下游从事系统集成的应用企业为主。其中，上游参与者主要是机器人核心零部件生产企业，包括控制器、伺服电机、减速器等。作为机器人行业利润主要来源，目前国内仅少数机器人企业技术较先进，可自主生产核心零部件，大部分机器人企业核心零部件依赖进口（以伺服电机为例，国外品牌占据中国伺服市场近 80%市场份额）。在关键技术上，日本在谐波减速器、RV 减速器、电焊钳、焊缝追踪等领域中占有绝对优势，超过 70%的专利都属于日本，未来在技术突破方面仍面临压力。中游参与者主要是机器人本体制造企业，本体企业具有有效整合上游零部件和下游系统集成商的能力。按照机械结构分，可以分为直角坐标机器人、SCARA 机器人、关节型机器人、圆柱坐标机器人等。从产业发展前景来看，国外工业机器人本体发展成熟，国内仍处于初步发展阶段。下游参与者则主要是从事系统集成的应用企业。系统集成是指在机器人本体的基础上，根据机器人的不同类型（焊接、喷涂、装配等）为其安装不同的执行装置，将机器人本体和附属设备进行系统集成。与核心零部件和本体相比，系统集成的壁垒较低，唐山市的工业机器人企业大部分都从事下游的系统集成工作。

7.5　成熟型城市唐山市低碳发展政策建议

针对唐山市钢铁企业面临的转型困境，建议从发展短流程电弧炉炼钢实现全生命周期减排、优化钢铁产能布局加速产能整合、数字赋能钢铁企业转型实现智能化产能控制三个方面入手。

发展电弧炉对实现唐山市钢铁行业高质量发展具有非常重要的意义（Fukuda et al.，2002）。在已完成工业化且粗钢产量曾经突破 1 亿 t 的国家（地区），如美国、日本和欧盟，电炉炼钢短流程发展均是在粗钢产量峰值区中后期开始兴起（Kitahara et al.，2006），唐山市实现碳达峰以严格的产能控制和粗钢产量达峰为基础，大力推广电弧炉正当其时。未来，随着我国产能置换、环保、土地、财政等政策倾斜，废钢资源、电力等支撑条件逐步完善，特别是碳交易市场的不断完善，电炉钢比例将会显著提升。“十四五”期间，随着置换项目的陆续投产，电炉炼钢产能和产量将进一步增加，预计 2025 年我国电炉钢产量占比将达到 15%～20%，在全国大局中，唐山市可起到充分的带头作用，发挥平均技术水平较为领先的优势，率先采取措施。建议环保政策向电炉炼钢企业倾斜，鼓励有环境容量、有市场需求、有资源能源保障、钢铁产能相对不足的地区承接钢铁转移产能，主要污染物排放总量指标可随产能转移，同等条件下优先支持电炉钢项目建设。现有电炉炼钢企业立足就地改造，达到超低排放要求的企业原则上不搬不关不停不限，与限产政策相结合，全废钢电炉企业碳交易配额放宽或不设额度。建议废钢资源向电炉炼钢企业倾斜，将废钢铁资源纳入资源综合利用所得税优惠目录，减免所得税，拉动废钢铁收购散户和中小规模废钢铁加工企业开票积极性，创造废钢市场公平竞争环境。引导废钢资源适度向电炉炼钢企业倾斜，对电炉炼钢企业采购民间废钢资源，税务局优先发放进项凭证，作为列支成本抵扣。建议阶梯电价政策向电炉炼钢企业倾斜，进一步推动深化电力体制改革，落实相关清理电价附加收费政策，降低电炉炼钢用电成本，推动大用户跨区域直购电，对全废钢电炉用电实施价格补贴，放宽或协助电弧炉大型企业拥有自备电厂，降低用电成本。同时建议由政府出面，委托第三方咨询单位从专业角度对电炉钢竞争力开展系统诊断，以全面提升企业的综合竞争力。通过诊断评估，全面挖掘企业潜力，找寻可操作、低投入、高产出的实施路径，最终实现原料保障充足、产品定位明确、工艺流程优化、节能降碳突出、超低排放达标、生产运行安全、物流运输顺畅、生产管理高效，促使企业竞争力水平迈向更高台阶。

优化产能布局与加速产能集中可以从主城区钢铁企业退城搬迁与减少钢企总数两个角度入手。2019 年开始唐山市启动了主城区周边 13 家钢铁企业优化整合、退城搬迁、升级改造。这 13 家企业将集中搬迁到唐山乐亭、丰南等地沿海产业园区，其中涉及炼钢产能 2737 万 t、炼铁产能 2398 万 t，根据估算，仅通过钢企搬迁设备优化升级改造，唐山全市可压减煤炭消费量 101.5 万 t，减少二氧化碳排放量 2008 万 t。根据唐山市 2020 年冶金工业年鉴数据，唐山市钢铁企业已经进一步减少，目前钢铁企业为 30 家，资产总计 6246 亿元，而 2015 年钢铁企业数量还是 44 家。唐山钢铁企业搬迁已经初见成效，余下企业的搬迁与整合应在吸取已有搬迁活动经验基础上，优化搬迁流程，合理衔接停产期与新址开工时间点，进一步优化国土空间利用布局，将生产链条联系密切的企业尽量整合在一处，利用集聚效应推广先进技术的同时，降低污染治理的成本。

"双碳"要求是钢铁行业面临的重要挑战，同时也是这一传统行业前所未有的转型机遇，是实现钢铁数字化生产的良机，对于地方政府而言，也是进一步推动构建产能交易平台，积极推动钢铁企业进入碳市场，促进产能向优势企业集中的好机会。通过打造大数据中心，与云计算平台合作，可以将营销、采购、研发、制造、物流、服务等核心业务数字化、智能化，以精准、实时、高效的数据互联体系为纽带，实现"作业自动化、管理智能化、决策智慧化"，打造数字时代的竞争新优势。在材料端和产品端，大数据中心可以通过历史数据预测未来钢铁需求量，开展钢铁产品全生命周期评价，从材料使用的全生命周期出发，在评估资源消耗和碳排放情况的基础上，开展钢铁产品的绿色设计，通过精品化战略大幅提升产品性能，实现产品使用绿色化，提升综合材料解决方案能力，打造绿色产品供应链。仅依靠关停并转等行政命令化解过剩产能，很容易产生效率低下、职工安置困难、社会矛盾激化等问题。河北省将煤炭去产能指标纳入公共资源交易平台公开交易，把煤矿散户产能聚拢起来，把指标购买方引进，政府搭建出让方和购买方平台，并对交易过程和交易结果进行监督，探索出"产能指标交易"市场化手段化解过剩产能新机制，"双碳"目标下产能指标交易市场可以作为碳市场的有力补充，加强对高能耗行业排放管理的同时，补充碳市场暂时没有纳入的其他行业。

数字赋能钢铁企业转型实现智能化产能控制仍然与唐山市重点布局的工业机器人领域相关。在培育新兴高精尖产业领域，以唐山市正在大力发展的工业机器人为例，建议从以下四个方面入手。一是加快发展轻型工业机器人。积极引进京津优质产业资源，重点发展服务机器人、智能分拣机器人、特种机器人，推进特色产业聚集区加快发展。二是加速核心零部件的研制。重点发展 RV 和谐波等高精度减速器、伺服电机等产品，依托 ATI 工业自动化、德国尼玛克、安川都林等头部企业，以及汇天威、伊贝格、影能科技等创新型领军企业建设机器人核心零部件基地。三是持续推进人机协作。积极转化燕山大学、河北工业大学、石家庄铁道大学等高校科研成果，重点发展小负载多轴机器人、协作机器人、机器人自动化装备、光纤激光切割等。四是开拓自动导引运输车（automated guided vehicle，AGV）新技术。依托京津研发优质资源，依托唐山开元等头部企业，以及唐山、沧州等工业机器人产业园区，重点发展无轨导航、背负式、潜伏式 AGV。

第8章 探索型城市低碳发展研究——以成都市为例

8.1 探索型城市成都市低碳发展的背景与现状

探索型城市多为区域性的中心城市，虽然工业化起步较晚，但往往是地区性的人口集中地与商贸中心，具备良好的实现低碳发展的基础。以典型的探索型城市成都市为例，成都市低碳发展的背景整体立足于其城市定位，作为我国西部地区的交通枢纽、文化名城、首个公园城市建设示范区，成都市不仅较为成功地实现了产业结构转型，而且正通过发掘旅游资源、发展服务业探索经济发展与减少排放的平衡点，为成渝城市群的长期可持续发展打下了坚实基础。成都市的城市定位变化大致分为四个阶段：1978 年改革开放后，成都市立即开展了城市总体规划修编，1982版将成都市定位为"四川省省会、历史文化名城、四川省的科学文化中心，以机械、电子、轻工为主的工业基地"；1994 年修编城市总体规划，1996 年版将成都市定位为："四川省省会，全省政治、经济、文化中心，西南地区的科技、金融、商贸中心和交通、通信枢纽，重要的旅游中心城市和国家级历史文化名城"；2011 版城市总体规划将成都市定位为："四川省省会，国家历史文化名城，国家重要的高新技术产业基地、商贸物流中心和综合交通枢纽，西部地区重要的中心城市"；新一轮城市总体规划描绘了成都市更宏伟的愿景："坚定贯彻习近平新时代中国特色社会主义思想，加快建设全面体现新发展理念的城市，奋力实现新时代成都'三步走'战略目标，建设国家中心城市、美丽宜居公园城市、国际门户枢纽城市、世界文化名城，迈向可持续发展的世界城市"。从历版城市总体规划城市性质中不难看出，每一版规划均延续"四川省省会"并不断强化成都市在区域乃至国家战略中的责任担当。相比于前三个阶段，成都市不仅在 2016 年发布的《成渝城市群发展规划》中被定为国家中心城市，更将可持续发展写入城市发展规划之中，节约化石能源利用，减少碳排放是可持续发展内涵的一部分，建设低碳城市已经成为成都市的重要发展目标。中心城市层级的划分，一是从人口规模的集聚效应进行垂直划分，人口规模巨大的城市称为"巨型城市"，是中心城市的最高级；二是从城市功能和城市作用进行水平划分，对世界经济具有重要性和对全球化过程具有重要作用的城市称为"世界城市"或"全球城市"，是中心城市的最高级。国家中心城市是国家赋予一座城市的发展使命，体现的是国家的战略布局。在我国西部地区建设国家中心城市，不仅要体现经济上的带动辐射作用，更是肩负着长江上游和黄河上游生态修复的重担，要承担起建设绿色发展和可持续发展城市的示范作用，以及城市低碳发展的样板作用。

　　成都市位于长江上游生态区，距离三江源头、冰川、高山草甸、湿地等国家重要生态功能区、生态保护区只有数百公里的距离，成都市的生态遭到破坏将极大威胁我国的生态安全和环境调节功能。在生态问题上，存在一种"黑洞理论"，即当一个地区的生态破坏到一个临界点时，这个地区的生态环境将持续加速恶化，进入"黑洞"之中，并不可逆转，从而导致这片区域的衰亡。一直以来，美国、日本、德国等发达经济体都非常注重"生物区域圈"的保护，即不管经济和城镇如何发展，该地区的生态规模、生态质量及在该地区的其他生物都会保持相同状态。当前成都市建设生态城市、低碳城市的关键目标是保证产业发展与城市空间格局继续扩大的同时，减少化石能源使用、减少工业活动与城市活动对生态功能区的破坏，进一步优化城市的空间布局，探索人与自然和谐相处的城市化模式。

　　成都市的空间格局在过去 30 年中极大扩张，产业结构也愈发复杂，随着城市规模的扩大，所面临的城市化、工业化模式问题也愈发具有挑战性。1978 年，成都市域面积 3861km²，包括两个县（金堂、双流）、三个郊区（金牛、龙泉驿、青白江）和两个城区（东城、西城），城市建设主要集中在现在的一环路以内，城市发展的重点在城区。1983 年，国务院批准原温江专区并入成都市，成都市行政管辖范围扩大至 12121km²。1987 年，提出中心城区的概念，并提出积极发展小城镇。1994 年，进一步提出将市域空间划分为三个规划层次，即中心城区、都市区、三圈层。随着天府新区获批国际级新区，成都市规划形成"一区双核六走廊"的多中心、组团式、网络化、集约型的城镇空间布局。2016 年，国务院批准简阳由成都市代管，成都市行政管辖范围扩大至 14335km²。2017 年以来，新一轮城市总体规划紧抓简阳代管的重要机遇，着眼于治理"大城市病"的现实需要和面向未来的可持续发展，优化城市空间结构，重塑产业经济地理，以龙泉山城市森林公园为绿心，推动城乡形态从"两山夹一城"到"一山连两翼"的千年之变，形成"一心两翼三轴多中心"网络化市域空间结构，并以五大功能区为统领，实施差异化区域发展策略，正着力解决发展不均衡不充分的问题。在产业发展方面，改革开放前夕，成都市已拥有较为完善的现代化工业体系，拥有机械、冶金、化工、电子、轻纺等多种工业。1978 年全市工业总产值达到 45.14 亿元，当时，成都市还是以重工业为主，占比近 60%。1993 年，成都市生产总值在全国排名第十一位，工业总产值达 718.2 亿元。1994 年，成都市提出大力发展第三产业，中心城区东郊工业结构调整，实行"退二进三"。2003 年，成都市提出工业向园区集中，推动产业集聚发展。2011 年，成都市 GDP 近 7000 亿元，在全国排名第九位，第三产业增加值达 3383.4 亿元，首次超过第二产业。2011 年，成都市提出加快发展新技术产业高端和高端产业，建设国家高新技术产业。2017 年，成都市 GDP 达 13889.4 亿元，在全国排名第八，高新技术产业产值达 9374.8 亿元。未来，成都市将转变经济工作组织方式，由"产-城-人"向"人-

城-产"发展模式转变,构建产业生态圈,培育创新生态链,大力发展新经济培育新动能,加快建设现代化经济体系,推动经济高质量发展。在生态保护方面,改革开放之初,成都市城区公共绿地面积仅 115hm^2,人均公共绿地仅 1m^2。成都市相继扩建了人民公园,新建了三洞桥公园、塔子山公园等。1990 年,成都市城区公共绿地面积达436hm^2,人均公共绿地面积 2.08m^2,并且相继开展了府南河综合整治工程及沙河整治工程。1994 年成都市规划提出将绕城高速两侧各 500m 范围划为生态保护带。2011年,成都市进一步扩大了生态保护带范围,确定了环城生态区,并且规划构建了"两环两山,两网六片"的总体生态保护体系。2012 年正式出台《成都市环城生态区保护条例》,在全国首次以立法的形式将特定生态区域的规划建设和保护纳入地方性法规。成都市低碳发展的相关政策文件如表 8-1 所示。

表 8-1　成都市低碳发展的相关政策文件

类别	政策文件	发布年份
中长期	《成都市国民经济和社会发展第十二个五年规划纲要》	2011
	《成都市国民经济和社会发展第十三个五年规划纲要》	2016
	《成都市国民经济和社会发展第十四个五年规划和二〇三五年远景目标纲要》	2021
低碳专项	《成都市"十二五"节能减排综合性工作方案》	2012
	《成都市加快能源消费结构调整实施方案(2017—2020 年)》	2017
	《成都市"十二五"节能减排综合性工作方案》	2017
	《成都市能源发展"十三五"规划》	2017
	《成都市低碳城市试点工作实施方案》	2017
	《成都市节能减排降碳综合工作方案(2017—2020 年)》	2017
	《成都市加大农村清洁能源推广应用实施方案(2020—2025 年)》	2020
生态文明	《成都市美丽宜居公园城市建设条例》	2021

"双碳"目标提出以来,成都市发布了《以实现碳达峰碳中和目标为引领优化空间产业交通能源结构促进城市绿色低碳发展的决定》,提出着力推动城市空间、产业、交通、能源结构持续优化,推动高质量发展,实施高效能治理,创造高品质生活,努力建设践行新发展理念的公园城市示范区。成都市面临的重点任务包括:建设具有可复制性公园城市"示范区"以形成"示范群",不断优化双城经济圈空间格局;强化成都市极核中心地位,更好发挥对双城经济圈的集聚与辐射作用;立足成都市特色产业,发展新兴产业,通过错位发展促进双城经济圈产业融合;创新公园城市生态价值转化机制,共创双城经济圈绿色"三生"空间;加强成都市交通互联互通,引领双城经济圈对外开放迈向新高度。基于以上主要任务,成都市设立

了多项具体低碳目标。到 2025 年成都市目标包括：重点领域结构调整取得明显进展；森林覆盖率达到 41%；空气质量优良天数比例达 83.7%以上；建筑节能水平大幅提高；城市精明增长制度体系基本形成；单位产出能耗和碳排放持续降低；工业增加值占 GDP 比重保持在 25%以上；交通运输结构不断优化，中心城区公共交通占机动化出行分担率达 60%、绿色出行比例达 70%以上；能源利用清洁化、高效化水平进一步提升，非化石能源消费比重提升至 50%以上。2030 年成都市目标包括：森林覆盖率达到 42%；绿色低碳产业竞争力处于全国前列，碳中和关键核心技术达到国内先进水平，产业数字化、绿色化水平大幅提高，绿色低碳循环发展的经济体系初步形成；绿色低碳交通运输方式基本形成，建成区公共交通占机动化出行分担率达 60%、绿色出行比例达 70%以上；非化石能源消费比重提升至 53%，清洁低碳安全高效的能源体系初步建立；2030 年前实现碳达峰，到 2035 年实现超大城市全面绿色低碳发展。

8.2　探索型城市成都市低碳发展转型实践

成都市主要从顶层政策设计、城市空间利用优化、构建新兴产业生态圈三个方面开展低碳发展转型实践。

低碳政策体系是推动绿色城市发展的主要纽带，在低碳发展的顶层设计方面，2020 年成都市发布了《中共成都市委关于制定成都市国民经济和社会发展第十四个五年规划和二〇三五年远景目标的建议》（以下简称《建议》）。《建议》是成都市探索建设低碳城市的主要政策基础。《建议》提到，要构建生态优先、绿色发展的城市新范式；践行绿色发展理念，推进生态价值创造性转化；探索构建生态系统生产总值核算体系，健全环境资源权益交易制度体系；创新以生态为导向的城市发展模式，探索公益性生态项目市场化运作机制（蒋含颖等，2021）。同时《建议》还规划，要建设绿色生产体系、绿色基础设施体系和绿色供应链体系，提升产业生态化、生态产业化发展水平；加大清洁能源替代攻坚力度，扩大新能源示范应用；开展绿色建筑创建行动，推动城市资源供给可持续可再生；推广循环经济发展模式，推行垃圾分类和减量化、资源化，探索建设"无废城市"。另外，2021 年 8 月 19 日成都市人民政府新闻办公室召开"突出创新驱动、强化功能支撑，以产业生态圈引领产业功能区高质量发展"新闻发布会，宣布将新建"碳中和产业生态圈"——这是成都市推动绿色低碳发展的又一创举，绿色低碳正逐步成为成都市实现高质量发展最鲜明的特质和优势（王越，2021）。

在顶层设计方面，成都市坚持将应对气候变化、推进绿色低碳发展与公园城市示范区建设有机融合，与生态环境保护工作协同增效，持之以恒优化城市格局、聚力实施"三治一增"和污染防治攻坚战。成都市获批国家低碳城市后，多次召开专题推进会，不断强化用新发展理念凝聚社会共识、引领城市方向、塑造时代价值的思想认识和行动自觉。通过持续构建绿色低碳的"产业、能源、城市、碳汇、消费和制度能力体系"，成都市碳排放强度持续降低。下一步，成都市将加快编制减污降碳协同增效实施方案，把降碳作为源头治理的"牛鼻子"，统筹推进大气污染防治与温室气体减排。一是落实应对气候变化年度计划，持续深化绿色低碳发展的制度、产业、城市、能源、消费和碳汇体系。二是压实目标责任，严控"双高"（高耗能、高排放）项目，推动钢铁、建材、有色、化工等重点行业深度治理、提前达峰。同时坚持以产业生态圈为引领推动产业生态化、生态产业化，聚焦新能源、储能、节能、资源综合利用等产业，加快构建碳中和产业生态圈，支撑城市功能、提升城市能级（李梦宇等，2021）。

在城市空间利用方面，从近两年示范区建设实践来看，成都市在顶层设计、生态价值实现、优化空间布局以及营城模式革新方面做出了诸多探索，积累了丰富的实践案例。成都市大力构建城市轨道、公交和慢行"三网"融合的低碳交通体系，轨道交通运营里程达 558km，市域铁路公交化运营里程突破 430km，公交专用道里程达 1014km，中心城区"5+1"区域（成华区、锦江区、青羊区、金牛区、武侯区和成都高新区）公交出行分担率提升至 60%。此外，成都市全域统筹的生态碳汇体系已初步形成。一是生态环境日益改善，2016～2020 年成都市实现了森林面积、森林蓄积和森林覆盖率的"三增长"，全市森林面积由 823.5 万亩增加到 864.3 万亩，增加了 40.8 万亩。森林覆盖率由 38.3%提升至 40.2%，增长 1.9%。龙泉山城市森林公园森林面积达到 112.84 万亩，启动了 546 个川西林盘生态管护与修复项目，累计建成各级绿道 4408km。二是低碳生活方式日益普及，全市共享单车日均骑行次数超过 185 万人次，年减排二氧化碳约 2 万 t；"蓉 e 行"平台累计申报私家车自愿停驶 36.8 万天，智慧停车信息平台整合停车场 2500 个、共享车位超 50 万个；出台生活垃圾管理条例，居民生活垃圾分类覆盖率超过 90%，在全国率先实现原生生活垃圾"零填埋"。

在产业发展方面，2021 年 8 月 19 日成都市召开"突出创新驱动、强化功能支撑、以产业生态圈引领产业功能区高质量发展新闻发布会"，会上公布了产业生态圈优化调整情况。其中提到，成都市将原智能制造产业生态圈进行细分，构建了"数字经济产业生态圈"和"人工智能产业生态圈"；将原会展经济、现代物流、现代金融、现代商贸、文旅（运动）等产业生态圈进行整合，构建了"先进生产性服务业生态圈"和"新消费产业生态圈"。此次优化调整，旨在解决传统园区运营、建设、管理面临的产业集而不群、规模不经济、产城分离、职住不平衡等突出问题，实现更高质量、更有效率、更可持续的发展。新增的数字经济产业生态圈主要功能定位是：构建"云联数算用"要素集群，建设国家数字经济创新发展试验区，推动数字产业化和产业数字化发展。成都市将主动迎接数字时代，聚焦数据服务、人工智能、

5G、高端软件、数字文创等细分领域，以成都科学城、成都新经济活力区、天府牧山数字新城、天府数字文创城、成都欧洲产业城为重点支撑，积极发展数字经济，促进数字技术与实体经济深度融合，赋能产业发展，培育增长动能。具体包括：加快推动数字产业化，通过加强高端芯片、人工智能等领域关键数字技术创新，加强"云联数算用"要素协同和"芯屏端软智网"产业协同，推动数字技术多行业融合渗透，建设具有国际竞争力的数字产业集群；加快推动产业数字化，支持企业数字化智能化提能升级，建设一批数字车间、智能工厂、柔性工厂、共享工厂，推动企业"上云用数赋智"，鼓励定制生产、软性生产和互联生产，运用数字技术，不断提升生产与市场的链接水平。先进生产性服务业生态圈的功能定位是：以总部经济为发展模式，以科技服务、金融服务、流通服务、信息服务为核心引领，以商务会展服务、人力资源服务、节能环保服务和服务贸易为基础支撑，推动生产性服务业专业化和向价值链高端延伸，打造国家先进生产性服务业标杆城市。先进生产性服务业生态圈主要由成都科学城、简州智能装备制造新城、成都新经济活力区、成都工业创新设计功能区、天府总部商务区、交子公园金融商务区等 14 个产业功能区构成。

尤其值得一提的是成都市在促进城市居民养成低碳生活习惯方面有较为领先的实践经验。2021 年 5 月 13 日，成都市正式上线"碳惠天府"绿色公益平台。"碳惠天府"平台是成都市首创提出的以"公众碳减排积分奖励、项目碳减排量开发运营"为路径的碳普惠机制品牌，公共交通出行、自觉节约能源、进行垃圾分类日常生活中的低碳行为，都能获得政府奖励积分，可在线上兑换奖品，通过实物奖品鼓励群众选择绿色低碳生活方式。此外，"碳惠天府"平台还制定了餐饮、商超、景区、酒店等低碳评价规范，以引导相关企业推行低碳管理、实施碳中和公益行动等，公众在这些低碳场景内的消费行为也将获得碳积分奖励，此举成功地将成都市发展旅游友好城市的需要与鼓励游客减排联系了起来。目前，"碳惠天府"已在微信、支付宝、微博、抖音等多个平台推出，上线了步行、共享单车、燃油车自愿停驶、新能源汽车驾驶、环保随手拍等低碳场景，吸引参与用户超 60 万人次。"碳惠天府"被评为四川省低碳发展 25 个优良实践案例、成都市首批生态惠民示范工程新场景，并支撑成都市公园城市建设入选全球 28 个应对气候变化的基于自然解决方案案例。"碳惠天府"平台 2021 年继续推出 40 个商场、酒店、景区、餐饮类低碳消费场景，实现市民在有碳惠天府线下标识的各类低碳消费场景内打卡并获取碳积分。在 2021 年的节能宣传周期间，"碳惠天府"联合成都市幸福里零碳(低碳)小区推出了以"低碳生活·在幸福里"为主题的宣传活动。活动期间，"碳惠天府"平台的"点绿成都"云植树板块上新种了 500 棵山茶树，市民可在"碳惠天府"小程序使用践行低碳生活产生的减排量参与幸福里零碳(低碳)林场的山茶树"云种植"，吸引更多公众关注公园城市的生态建设。

8.3　探索型城市成都市低碳发展评估结果

依据多层次城市低碳发展评估指标体系，成都市工业部门低碳发展水平中上，交通部门低碳发展水平较低，建筑部门低碳发展水平较高，在主要的 20 个城市样本中处于中上地位。成都市总体低碳发展效率较高，属于较为典型、较为成功的探索型城市，主要得益于成都市本身较为清洁的能源结构，从工业部门、交通部门、建筑部门低碳发展效率的角度，成都市工业部门要素利用率处于较高水平，交通部门和建筑部门整体运行效率偏低。图 8-1 展示了成都市低碳发展整体情况的关键指标。

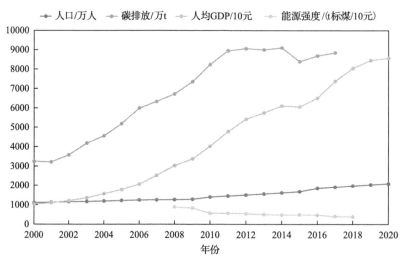

图 8-1　成都市低碳发展基本情况

"十三五"时期，成都市以占全省 18.7% 的碳排放承载了 24.5% 的能源消费、25% 的常住人口和 35% 的经济体量，以年均增长 2.2% 的碳排放支撑了年均 7.1% 的经济增长，全市单位 GDP 二氧化碳排放和能耗分别降低 21.0%、14.2%。成都市高精尖工业发展形势良好，五大现代制造业营业收入在"十三五"期间同比增长 9.9%，新技术产业营业收入突破万亿元，电子信息产业成为首个万亿级产业集群，生态环境产业产值突破 1000 亿元，先进制造业引领的高质量现代化产业体系是保证成都市工业高水平低碳发展的基础。成都市持续强链提能，实施"光伏 10 条""氢能 22 条"等产业扶持政策，通威光伏电池片实现全球出货量第一，巴莫科技高镍锂电正极材料市场占有率全国前三，东方电气氢燃料电池百公里耗氢量全国最低，易态科技等 9 家绿色低碳服务企业入选工信部专精特新"小巨人"企业。值得一提的是，金堂获批国家能源局整县屋顶分布式光伏开发试点，氢能无人机实现商用，累计推广新能源汽车 23 万辆，位列非限购城市第一。图 8-2 和图 8-3 展示了成都市工业部门低碳发展情况的关键指标。

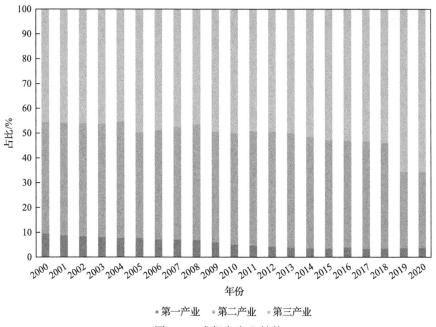

图 8-2　成都市产业结构

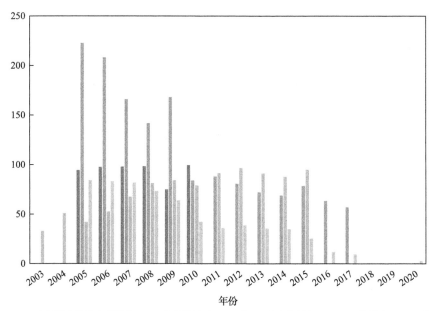

图 8-3　成都市工业系统资源循环利用情况

　　综合考虑工业部门的表现，可以归功于成都市在促进绿色、低碳产业发展过程中给予的优惠政策，尤其是帮助企业控制要素成本的优惠政策，有力帮助部分民营企业跨过投资门槛，提高了整体运行效率，成都市工业固体废物综合利用率较早稳定在 100%左右，近年来废水与 SO_2 治理也有较大成效。其中较为重要的两种要素政策是土地和电力价格政策，成都市规定对符合条件的项目优先纳入市级重点项目，单独选址的产业项目所需用地计划指标应保尽保，计划指标不足的，年底视全市计划指标结余情况统筹调剂并给予重点支持，支持废旧(锂)电池、建筑垃圾、餐厨垃圾、工业固体废物等循环再利用项目建设，在空间规划、用地保障等方面予以支持。同时市区两级联动按一定比例给予电费优惠支持电解水制氢企业。对于留存电量适用范围内符合国家产业、环保、安全、节能等政策要求的项目，优先给予电量支持。支持清洁能源装备、动力电池及储能、光伏等领域龙头企业参与光伏资源开发。

交通部门方面成都市总体表现良好，但近年来由于市区规模进一步扩张，人口进一步增加，综合效率有下滑趋势，交通部门的发展趋势与城区规模、人口规模、新能源汽车激励政策三者的相关性最大。成都市较早启动了新能源汽车激励计划，并且正在积极探索公共交通减排策略，助推城市绿色出行。公共交通系统运行效率方面，成都市吸取已有经验，采取较快步伐扩大人均公交车数量，相对应的公共交通旅客运输量增长较为明显。作为新兴旅游城市的代表，成都市客运与货运交通体系未来面临的主要压力可能来源于激增的旅游人数。图 8-4 和图 8-5 展示了成都市交通部门低碳发展情况的关键指标。

低碳建筑方面成都市起步较晚，总体自"十三五"期间开始着手推广，但在旧建筑的节能改造中表现比较突出。"十三五"期间，成都全市在低碳建筑方面取得一系列成效，包括：完成既有公共建筑节能改造 243 万 m^2；建立了"成都市公共建筑能耗监测信息化系统"，实现 69 栋共 286 万 m^2 公共建筑能耗监测；绿色建筑

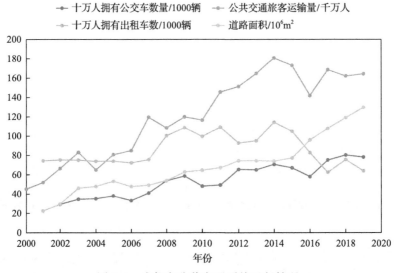

图 8-4　成都市公共交通系统运行情况

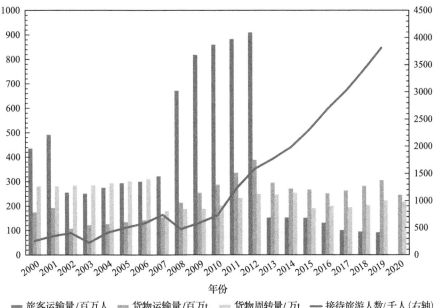

图 8-5 成都市客运、货运交通系统运行情况

全面覆盖成都市新取得建设用地项目，总面积累计突破 2 亿 m^2，并形成了天府国际机场绿色片区、新川绿色生态城区等规模化应用成果；245 个项目获得绿色建筑评价标识。从居民部门的建筑部门运行情况来看，成都市进步迅速且明显，生活垃圾处理率从较低水平快速上升到 90%左右，作为公园城市示范建设城市，成都市的人均绿地面积仍有进一步扩大的必要。从用水、用能行为看，成都市人均生活用电量正在迅速上升，作为绿色建筑先发城市，成都市可对绿色建筑标准的完善做出更大贡献。图 8-6 和图 8-7 展示了成都市建筑部门低碳发展情况的关键指标。

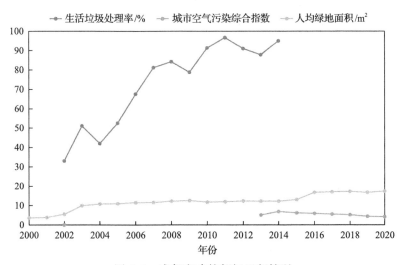

图 8-6 成都市建筑部门运行情况

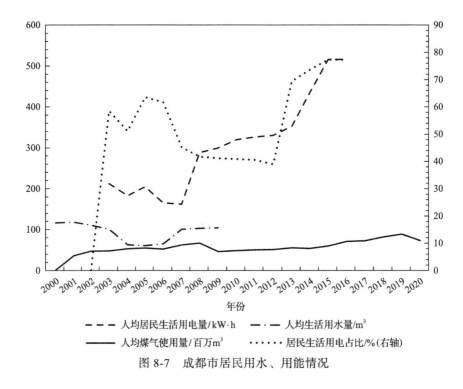

图 8-7　成都市居民用水、用能情况

8.4　探索型城市成都市低碳发展面临的困难与挑战

成都市低碳发展面临的困难可以概括为进一步减排空间有限、碳排放增长预期强、城市空间管理问题复杂、成渝地区一体化面临阻碍四个方面问题。

成都市地处清洁能源大省四川省，又是典型的能源受端城市，能源对外依存度超过 90%，全国主要省会城市中成都市人均碳排放始终处于低点。梳理成都市能源发展的"十一五""十二五""十三五"三份规划发现，进入 21 世纪以后的这 20 年间，成都市的能源生产和消费结构有明显变化，2020 年其清洁能源消费占比 61.5%，2020 年底非化石能源消费比重为 44.2%，显著优于全国同期水平。但"十三五"期间成都市碳排放总量年均增长 120 万 t 左右，尚未显现明显减缓趋势，"双碳"目标下成都市仍然面临着尽快实现碳达峰的压力。从能源种类来看，油品碳排放贡献最大，占比达 48.3%，且排放量近 5 年持续上升。更为关键的是，早期能源改革的优等生成都市的减排空间已经不大，成都市启动多领域低碳转型的时间较早，比如推进"以电代煤""以气代煤"，基本实现燃煤锅炉全域"清零"等，在已有技术较为成熟的减排领域进步空间有限，必须向更创新的减排路径发起冲击。工业领域是成都市目前碳排放的主要来源；生活、交通碳排放占比相对较高。未来提高绿色发展水平，工业是减排的主要领域，生活和交通是重点控制领域。未来成都市、重庆市都市圈以及成渝双城为重点碳减排区域，盆周和盆中其他地区应提高绿色发展水平。对当下的成都市而言，农业规模化发展不足，实体经济特别是工业还不够强，生产性服务业发展不充分，传统服务业档次较低。优化产业结构，成都市尤其强调提高工业占比和能级。从全国来看，因为要素成本上涨、工业产能过剩、环保压力加大、制造业价值链升级困难等因素的影响，许多城市出现了"去工业化"现象。工业占比下降，同样发生在成都市身上。更重要的是，藏在那些总体数据、平均值之下的，还有工业发展的不平衡、不充分。比如，按照 2021 年前三季度数据，成都市工业用电量增长 12.7%，工业增值税增长 7.7%。整体来看，增势可喜。但是细究发现，"三年的用电量为 0"的低效工业用地，占总工业用地的比例不小。全市工业用地占供给相对不足且分布零散。这些产业空间与产业需求的不匹配，也掣肘着工业的能级、质量提升。

从城市群的角度而言，成都市的发展离不开成渝经济圈的协作，也是重要服务于经济圈的长远利益，成都市要在已有产业基础上进一步发展高新产业，就要考虑到与经济圈其余城市的产业协作问题。整体来看，川渝两地产业基础较为类似，发展战略和发展规划中选取的重点产业也比较相似。对比成都市和重庆市的"十三五"规划可以发现，两地选取的战略性产业和重点发展的优势产业很多是一致的，如电子信息、汽车制造、机器人、节能环保装备、新能源汽车、新材料、生物医药、油气钻采与海洋工程装备等。而且两地长期形成了竞争关系，更倾向于发展类似产业（特别是近些年来在电子、汽车等产业方面的竞争），使得两地产业发展较为雷同。

成都市作为成渝都市圈的经济增长引擎之一，未来较长时间内仍将处于快速发展阶段，人口规模增长势必短期内带来大量碳排放刚性需求。成都市经济发展研究院的研究显示，2017～2019 年成都全市碳排放相对于人口的弹性系数最大、碳排放相对于能耗的弹性系数次之，说明人口增长是碳排放持续增长的首要因素，四川省内市民未来仍会进一步向成都市聚集，可观的人口增长预期给碳达峰目标带来不小压力。同时成都市存在较显著的发展不均衡问题，以 2021 年上半年数据为例，成都市 23 个区（市）县中，高新区以 1393 亿元排名第一，排名第二的金牛区为 738 亿元，两者 GDP 相差 650 亿元，蒲江县与东部新区分别以 93 亿元和 50 亿元的水平，排名垫底。人均 GDP 较低的城区只有高新区的 1/9。城市空间的不均衡可能导致钟摆式迁徙，从而进一步导致郊区式的城市道路交通体系，从而为长远的交通系统减排埋下隐患。

另外，随着经济发展不断提速，2020 年成都市 GDP 达到 17716.7 亿元，位列全国第七。同时吸引了大量的人口流入，按照第七次人口普查数据，常住人口高达2094 万人，仅次于重庆市、上海市、北京市；城区人口 1334 万人，位列超大城市阵营，在相似的人口规模下，成都市的面积远大于上海市，城市空间布局更复杂，管理难度更大。四川省和重庆市是国家"三线建设"的重点区域，拥有众多的老工业基地和资源型城市，成都市中心城市的部分区域也属于老工业基地，这些老工基地普遍发展水平较低，面临规划布局不合理、基础设施老化、环境保护和安全生产压力大等一系列发展困难。从国际上看，全球化将会迎来更加汹涌的逆潮，中国部分产业将面临更快向其他发展中国家和发达国家转移的压力，成渝地区承接东部地区产业转移的空间越来越小，产业升级和转型的难度也越来越大。近年来，中美贸易冲突之后越南出口飞速增长已经证明这一点。从国内来看，国内经济的减速将加剧地区之间的竞争，促使各地重塑竞争新优势，成渝地区也将面临来自国内其他地区更激烈的竞争，这些都对成渝地区一体化发展提出更急迫的要求。

8.5　探索型城市成都市低碳发展政策建议

针对成都市低碳发展面临的主要问题，建议主要从促进城市空间优化布局与城市群协作减排、推动绿色工业与清洁能源行业发展、构建以新能源汽车为主的绿色交通体系、推动能源结构向更清洁转型四个方面入手，同时利用"碳惠天府"打下的良好基础，全面普及低碳理念，倡导低碳生活方式。

作为国家中心城市与成渝都市圈的关键一极，成都市的城市空间规划应同时考虑内部的区域均衡与对外的多层次区域合作。对内应尽力推动城市形态由个体向都市区核心演进，加快发展都市新区和卫星城，构建新的城镇空间，以轨道交通为引领，建立与大都市区相适应的行政区划设置和体制机制。进一步健全现代治理体系，增强公园城市治理效能。发挥政府、市场、社会各方力量，建立系统完备、科学规范、运行有效的城市治理体系，为城市更健康、更安全、更宜居提供保障。增强抵御冲击和安全韧性能力，系统排查灾害风险隐患。建设社会治理共同体，推动城市治理重心和配套资源向基层下沉。构筑智慧化治理新图景，推行城市运行一网统管、政务服务一网通办、公共服务一网通享、社会诉求一键回应。建立集约化的土地利用机制，促进城镇建设用地集约高效利用。建立可持续的投融资机制，推行以公共交通为导向的开发(TOD)模式，加强片区综合开发。同时，开展治理能力提升行动，在内涝治理、燃气管道改造、应急能力建设、智慧化治理、土地利用、投融资创新等方面实施一批工程项目。对外成都市需要加强多层次区域合作，在全国范围内发挥好引领、辐射和集散的作用。一是要深入推进成都市平原城市群建设，加快一体化进程，推动区域合作向纵深发展；二是要突出重点，以点带面，创新区域合作方式，全面拓展和提升与省内其他市州的区域合作；三是发挥成渝城市群的双核中心作用，加快建设经济充满活力、生活品质优良、生态环境优美的国家级城市群；四是强化与周边省区和西部省区区域合作，加强与长三角、珠三角、京津冀等发达地区的经贸往来和科技文化交流，有效承接发达地区产业转移，形成产业互补、市场互通、资源互用、政策互动、互利共荣的新局面。

考虑实现"双碳"目标是复杂的系统工程，推动各项低碳技术发展无不需要坚实的工业基础，推动绿色工业发展与清洁能源业发展能较好地统一城市低碳发展与经济发展的需要。建议成都市聚焦光伏、动力电池、新能源汽车、氢能等新赛道新领域，以"龙头企业+产业基金+领军人才+中介机构"模式，开展"链主"精准招引，育强绿色低碳产业链主，发挥"链主"作用提升产业优势，实施绿色园区示范工程，提升园区布局集聚化、结构绿色化、链接生态化，推动资源循环利用（Huang et al.，2019）。同时可以向零碳和负碳技术布局，加强与高校和科研院所的沟通。同时，考虑到未来成都市的人口继续增加，应提早关注如何推进传统建材产业向绿色节能建筑行业转型，加速生活部门的碳达峰节奏。积极推广应用太阳能光伏产品、可循环可利用建材、高强度高耐久建材、绿色部品部件、绿色装饰装修材料、节水节能建材等绿色建材产品。从建筑材料生产、施工建造、运营维护全生命周期推动建筑业全产业链绿色低碳化发展，需大力发展装配式建筑、绿色建筑、超低能耗建筑，应该抓住"窗口期"在城市更新、旧城改造中融入绿色低碳理念（叶翀等，2021）。避免大拆大建，推动老旧小区开展绿色低碳化改造，包括采用城市绿色微更新、植入社区农业、绿化城市的"碎片化"空间、基础设施绿色更新等方式。

交通是成都市需要重点优化的领域之一。成都市碳排放统计数据显示，全市交通领域贡献了 28.67% 的碳排放，仅次于工业。建议构建"轨道引领、公交优先"的交通格局，并继续构建绿色高效货物运输体系，大力推动运输工具低碳化，加快完善绿色交通基础设施。针对交通领域的结构调整，提高铁路货运量占比，增加城区公共交通占机动化出行分担率以及绿色出行比例。尤其重要的一点是提高新能源车辆保有量，并同步建立健全新能源汽车相关税费、路权、停车、充电、差别化收费等配套政策，优化充换电及加氢基础设施布局。

能源结构优化方面，建议进一步促进发展动能转换、治理方式转变，支撑城市经济社会发展全面绿色转型。按照成都市设定的目标，到 2025 年非化石能源消费比重要提高到 50% 以上，为了达成这一目标应依托四川清洁能源大省的优势，把握成都市能源"受端"城市特征，从推进能源消费低碳化、能源供给清洁化、能源利用高效化三方面发力（Liu et al.，2011），尤其在能源消费方面，要调动广大市民和游客的积极性，从根本上推广低碳的生活方式（Zhao et al.，2018）。一是充分利用城市公园体系等绿色场景，全面开展低碳教育。成都市是首个公园城市，目前在公园、绿道建设等方面取得了较好的成效。在公园散步也已经是成都市民热爱的一种生活方式。因此，公园、绿道不仅是绿色低碳的载体，也是很好的低碳教育的空间。通过在公园里面开展科普展览、低碳活动、低碳讲座以及针对儿童的低碳教育等方式，进行全面的低碳宣传教育。二是将低碳场景模式延伸到居民生活、出行各方面，包括建设低碳社区、鼓励低碳出行等，为居民营造全面的低碳生活环境。目前各个公园内部有多种绿色慢行交通方式、健身体育活动场所，让居民进行低碳体验，逐渐养成绿色出行、户外活动等低碳生活方式（Zha et al.，2021）。绿色出行也是重要的减碳途径。成都市建设了城市绿道、社区绿道等多层级绿道体系，绿色出行逐渐成为一种重要的生活方式。其次成都市已经启动出租汽车纯电动化试点，以及电动公交车也开始运营。预计未来成都市将逐渐构建起一张完善的绿色交通出行网络。因此，积极鼓励居民使用绿色出行方式，包括自行车、公交车，选用电动出租车、公交车等。三是可以通过鼓励低碳消费，通过合理的使用方式减少家电、交通等使用过程的碳排放。在城市公园、社区、基础设施等各种场景应用绿色节能技术，鼓励居民使用，减少居民碳足迹(Xiao et al., 2022)。

第9章　后发型城市低碳发展研究——以贵阳市为例

9.1　后发型城市贵阳市低碳发展的背景与现状

2010 年国家发改委发布《关于开展低碳省区和低碳城市试点工作的通知》的政策，表示贵阳市等八个市作为全国第一批低碳试点城市，自被纳为低碳试点城市后，贵阳市便积极发挥其生态、气候、人文优势，把低碳试点城市建设作为统筹城市经济社会发展和生态文明建设的重要手段，积极推进低碳建筑、低碳交通、低碳社区建设和能源结构调整，倡导绿色低碳的消费模式和生活方式，走上了一条低碳发展道路。

9.2　后发型城市贵阳市低碳发展转型实践

贵阳市自 2010 年开始逐步探索符合贵阳市实际情况的低碳模式，通过产业结构调整升级、资源型产业升级改造、加强可再生能源开发、倡导低碳生活方式、强化森林资源保护等方面，实现低碳发展。贵阳市成立了由市长任组长的低碳城市试点工作领导小组，建立了部门联席会议制度，组建了贵阳市低碳发展领域的专业智囊团和低碳发展专家顾问委员会，借力专家智慧为城市低碳发展保驾护航；出台了如表 9-1 所示的一系列政策。

表 9-1　贵阳市低碳发展的相关政策文件

类别	政策文件	发布年份
中长期	《贵阳市国民经济和社会发展第十二个五年规划纲要》	2011
	《贵阳市国民经济和社会发展第十三个五年规划纲要》	2016
	《贵阳市国民经济和社会发展第十四个五年规划和二〇三五年远景目标纲要》	2021
低碳专项	《贵阳市低碳城市试点工作实施方案》	2010
	《贵阳市低碳发展中长期规划(2011—2020)》	2013
	《贵阳市 2014 -2015 年节能减排低碳发展攻坚方案》	2014
	《贵阳市大气污染防治规划》	2014
	《贵阳市应对气候变化专项规划(2014—2020 年)》	2015
	《贵阳市"十三五"控制温室气体排放工作实施方案》	2017
	《贵阳市"十三五"应对气候变化规划》	2017
生态文明	《贵阳建设全国生态文明示范城市规划(2012—2020)》	2012

　　贵阳市低碳发展取得显著成效，如贵阳市绿色金融支持绿色低碳转型取得了积极进展，探索形成了一批可借鉴、可复制、可推广的实践经验；贵阳市将甲醇汽车市场推广作为推进能源供给侧结构性改革、培育壮大实体经济的重要抓手，促进产业转型升级、推进能源生产和消费革命，构建清洁低碳、安全高效的能源体系，助推城市经济高质量发展。截至 2021 年，贵阳市已经成为全国甲醇汽车推广应用规模最大的城市。但即便如此目前贵阳市重点用能单位能源消耗在小幅增长，所以对于评估贵阳市低碳发展水平刻不容缓。

9.3　后发型城市贵阳市低碳发展评估结果

　　依据多层次城市低碳发展评估指标体系，贵阳市工业部门低碳发展水平总体不佳，交通部门低碳发展水平较低，服务业低碳发展水平较低，在主要的 20 个城市样本中处于落后地位。贵阳市总体低碳发展效率较低，属于较为典型的后发型城市，正处于快速工业化阶段，预期内的能源需求将快速上升，但相对乐观的一面是贵阳市较早认识到生态文明建设的重要性，较早出台了一系列低碳城市建设政策，同时具备一定的后发优势，可以较好地从已有的低碳城市建设实践中吸取经验，自 2014 年贵阳市果断采取一系列有效措施，碳排放总量增长已呈现一定的减缓趋势（图 9-1）。

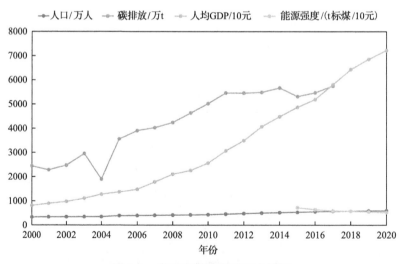

图 9-1　贵阳市低碳发展基本情况

　　对于正处于工业化、城镇化进程中的试点城市来说，如何进行产业结构的调整，避免城镇化过程中增加更多碳排放量是低碳发展的重点内容之一。贵阳市将工业、交通、能源和建筑作为控制温室气体排放的主要领域，建立以低碳、绿色、环保、循环为特征的低碳产业体系。为促进工业转型升级，贵阳市编制了《贵阳市产业发展指导目录》，陆续淘汰了 24 家企业的落后产能，技改或关停拆除了 11 家含氰电镀企业，并通过建立市节能低碳监测平台，对全市 7 户重点用能企业、10 个区县、两栋重点耗能建筑实现在线监测。在调整产业结构方面，贵阳市根据自身特色，发展以烟、酒、茶为重点的轻工业和以旅游、数据存储为重点的现代服务业。为了在工业化、城镇化发展过程中，减少潜在的温室气体排放量，作为全国首个国家级大数据产业集聚区、中国优秀旅游城市，贵阳市积极发展金融、旅游、会展、电子商务等低碳产业，将第三产业比重从 2005 年的 45.9%提高到 2019 年的59%（图 9-2）。

　　综合考虑工业部门的表现，贵阳市工业部门低碳发展主要面临以下几个挑战：产业总体发展水平有待提高，产业结构不尽合理，仍需继续调整。第二产业发展速度仍然不快，对经济发展的支撑能力不强，工业化水平不高，并且受到邻近的成渝经济圈的竞争，有待进一步加强竞争力，宜利用数据中心优势发力智能制造领域；第三产业层次有待提高，市场发育不健全。贵阳市作为省会城市，标志性的大产业、大企业、大项目缺乏，大数据先发优势和发展基础还不牢固。经济增长缺乏强有力的产业支撑，城镇第二、三产业对农村剩余劳动力吸纳能力亟待加强。在资源循环利用方面，随着近年来工业化进程的加速，贵阳市工业废水单位面积排放量重新出现上扬趋势，一般工业固体废物综合利用率出现较大波动，体现出工业系统未能及时对新增产能进行循环利用改造，应加大对工业系统的关照力度（图 9-3）。

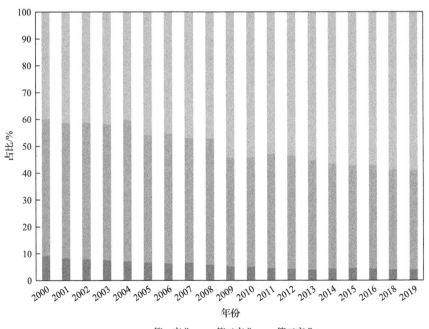

图 9-2　贵阳市产业结构

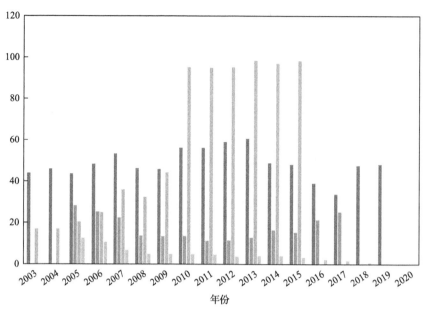

图 9-3　贵阳市工业系统资源循环利用情况

交通部门方面贵阳市总体表现不佳，为促进交通领域碳减排，贵阳市启动编制了《贵阳市快速公交系统专项规划》，大力发展公共交通，推广使用甲醇等清洁能源和气电混动力公交车。贵阳市公交公司根据贵阳市的能源和道路特点，研制推广了气电双燃料混合动力汽车（以天然气做燃料的汽车，HC 的排放量可减少 40%，CO_2 可减少 80%，NO_x 可减少 30%）。同时，贵阳市以"疏老城、建新城"为核心推进城市建设，促使城市交通流由"中心集聚"向"环网分担"转变，规划建设1.5 环快速路，积极发展公共交通和轨道交通，完善城乡路网，建立现代化交通路网体系，已有建设在道路面积和拥有公交车数量上得到集中体现。但贵阳市公共交通和旅客运输量一直没有实际增长，人均公交车拥有数量也有较大波动，呈现出运动式运营的特征，公共交通系统建设没有实际转化为公共交通运力。作为新兴旅游城市的代表，贵阳市客运与货运交通体系未来面临的主要压力可能来源于激增的旅游人数（图 9-4、图 9-5）。

贵阳市建筑部门提升低碳发展效率主要面临以下关键挑战：城市功能过度集中。商业、医疗卫生、文化娱乐等服务设施主要集中在老城区的主要路段，外围组团公共服务设施仍然存在较大的优化完善和提档升级空间。功能在空间上过度集中与组团功能相对不足的矛盾影响了城市效率的发挥，也变相增加了低碳建筑替换的难度。同时，城镇间有机联系薄弱。受地形、经济及交通条件的制约，城镇间分工合作有待加强，制约了区域间的协同发展。并且随着人均生活用电量的快速上升，低碳社区的建设更加迫切（图 9-6、图 9-7）。

图 9-4　贵阳市公共交通系统运行情况

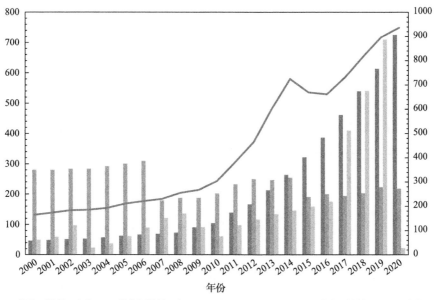

图 9-5　贵阳市客运、货运交通系统运行情况

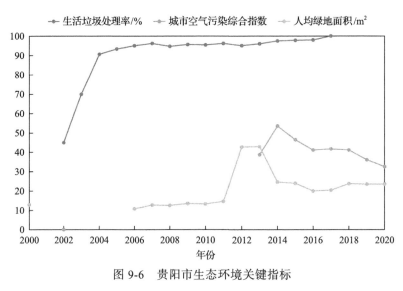

图 9-6　贵阳市生态环境关键指标

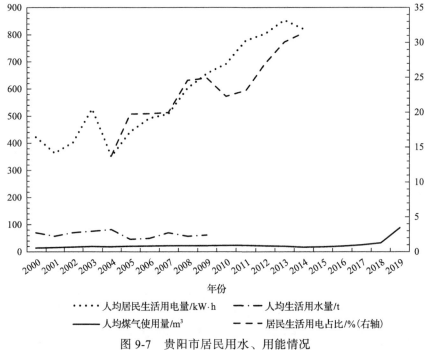

图 9-7　贵阳市居民用水、用能情况

　　贵阳市面临的挑战同样是我国众多后发型工业城市的困境,此时此刻后发型工业城市正处于低碳发展的关键十字路口,何去何从将直接影响我国"双碳"目标能否高质量完成的大局。考虑到贵阳市本身作为后发型城市的代表性、面临困境的复杂性,本书在此引入一个更为细致的分析框架,对贵阳市经济-环境-社会方面主要障碍因子进行更进一步的识别,旨在为后发型城市把握关键的发展时机提供参考。

　　结合贵阳市发布的政策文件以及专项指标文件进行评估指标的构建,并考虑了指标体系构建的可持续发展、生态文明以及应对气候变化的原则,构建了 30 个三级指标。对于指标，每一个指标都可以从不同的方面对低碳经济生活进行评价，而指标过多将导致评估系统变得更加复杂，在一定程度上，或许还会产生一定的差错，因此，本章通过主成分分析法对众多指标进行降维，找出几个最具有代表性的指标构建一个低碳经济评价模型，减少指标过多引起的各种差错和复杂性，对贵阳市的低碳发展水平进行一个更好的评价和判断。

本书基于时间维度，从各个层面评估贵阳市近几年的低碳发展水平，因此选取贵阳市 2015～2020 年的《贵阳市统计年鉴》，政府发布的官方公报、年报等挖掘各个指标的数据，选取该阶段的主要原因是这期间包含了"十三五"规划阶段，所以其结果对于"十三五"期间贵阳市的低碳发展水平有一个全面的评估，利用主成分分析，结合官方的近几年数据用于评估贵阳市低碳发展水平。对数据进行标准化处理后，基于主成分分析和熵值法对贵阳市低碳发展水平进行评估，得出如下结论。

1. 经济低碳指标

由经济低碳下的三级指标值即 C1～C16 标准化后的数据，构建相关性矩阵，如图 9-8 所示。得出 C1～C16 指标对应的特征值、特征向量、指标贡献率及累积贡献率，见表 9-2 和表 9-3。

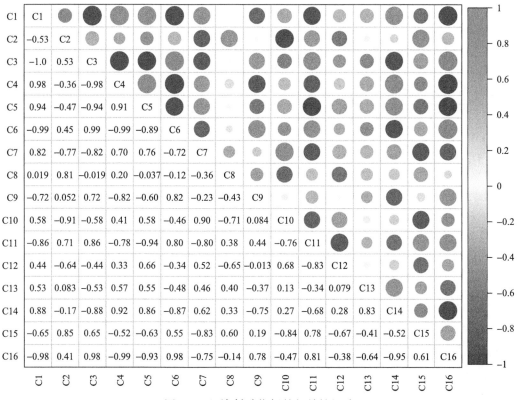

图 9-8　经济低碳指标的相关性矩阵

表 9-2　总方差解释表

主成分	总方差解释					
	初始特征值			提取载荷平方和		
	总计	方差百分比	累积/%	总计	方差百分比	累积/%
1	10.347	64.669	64.669	10.347	64.669	64.669
2	3.721	23.255	87.924	3.721	23.255	87.924
3	0.922	5.761	93.685			
4	0.668	4.176	97.861			
5	0.342	2.139	100.000			
6	1.971×10^{-15}	1.232×10^{-14}	100.000			
7	8.476×10^{-16}	5.298×10^{-15}	100.000			
8	3.448×10^{-16}	2.155×10^{-15}	100.000			
9	3.043×10^{-16}	1.902×10^{-15}	100.000			
10	1.021×10^{-16}	6.383×10^{-16}	100.000			
11	3.092×10^{-17}	1.933×10^{-16}	100.000			
12	-1.274×10^{-17}	-7.965×10^{-17}	100.000			
13	-1.828×10^{-16}	-1.143×10^{-15}	100.000			
14	-2.171×10^{-16}	-1.357×10^{-15}	100.000			
15	-4.501×10^{-16}	-2.813×10^{-15}	100.000			
16	-9.282×10^{-16}	-5.80×10^{-15}	100.000			

表 9-3　成分矩阵表

指标	主成分	
	1	2
C1	0.977	0.156
C3	−0.977	−0.156
C16	−0.958	−0.284
C5	0.954	0.082
C6	−0.935	−0.265
C4	0.929	0.342
C11	−0.928	0.252
C7	0.871	−0.299
C14	0.857	0.459
C15	−0.778	0.473

指标	主成分	
	1	2
C10	0.685	−0.673
C9	−0.618	−0.613
C12	0.586	−0.569
C13	0.551	0.449
C8	−0.139	0.974
C2	−0.628	0.713

由此可以看出在经济低碳的指标里，系统选择特征值大于1的成分确定为主成分，从表9-4中可以得到结果：有两个主成分累计百分比达87.924%。

基于两个主成分的特征值以及成分矩阵得到各个指标的权重（表9-4）。

表 9-4　指标权重表

指标	主成分 1	主成分 2
C1	0.304	0.081
C2	0.713	0.369
C3	−0.304	−0.081
C4	0.289	0.177
C5	0.297	0.042
C6	−0.265	−0.137
C7	−0.299	−0.155
C8	−0.043	0.504
C9	−0.192	−0.317
C10	0.213	−0.348
C11	−0.288	0.130
C12	0.182	−0.294
C13	0.171	0.232
C14	0.266	0.237
C15	−0.242	0.245
C16	−0.298	−0.147

将两个主成分表示为 Y_{11} 和 Y_{12}，建立计算表达式为

$$Y_{21} = 0.503 \times C17 + 0.100 \times C18 + 0.111 \times C19 + 0.436 \times C20 - 0.501 \times C21 + 0.533 \times C22 \quad (9\text{-}1)$$

$$Y_{22} = 0.133 \times C17 - 0.696 \times C18 + 0.559 \times C19 + 0.310 \times C20 + 0.279 \times C21 - 0.103 \times C22 \quad (9\text{-}2)$$

则综合得分：

$$Y_2 = 0.5694 \times Y_{21} + 0.2316 \times Y_{22} \tag{9-3}$$

其中C1～C16应当标准化处理后进行综合得分求解，得到如表9-5所示的结果。

表 9-5　成分得分排名表

年份	主成分1	主成分2	综合得分	排名
2015	3.97	3.04	3.28	1
2016	0.49	−1.64	−0.07	2
2017	−0.06	−2.09	−0.52	4
2018	0.04	−0.94	−0.19	3
2019	−1.60	0.88	−0.83	5
2020	−2.84	0.75	−1.66	6

由表 9-5 可知，贵阳市经济低碳这一部分的综合得分，2015～2020 年以来处于持续降低的过程，该部分的指标测量值大多为负向指标，碳排放强度和全社会用电量等指标与碳排放增加呈正相关，即与减排呈负相关，所以对于经济低碳这一块的评估而言，综合得分越低说明贵阳市的减排效果越显著，所以在排序结果中从 2015 年到 2020 年经济低碳指标值下降率较高，说明贵阳市经济低碳水平在这期间有明显改善，据统计，在"十三五"规划期间，各经济低碳指标均达到了省要求。

2. 环境低碳指标

由环境低碳下的三级指标值即C17～C22标准化后的数据，构建相关性矩阵(图 9-9)。

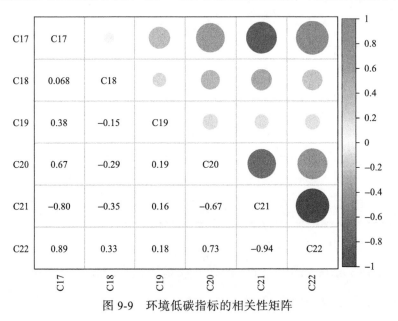

图 9-9　环境低碳指标的相关性矩阵

得出C17～C22指标对应的特征值、特征向量、指标贡献率及累积贡献率,见表9-6。

表 9-6　总方差解释表

主成分	总方差解释					
	初始特征值			提取载荷平方和		
	总计	方差百分比	累积/%	总计	方差百分比	累积/%
1	3.416	56.937	56.937	3.416	56.937	56.937
2	1.425	23.757	80.695	1.425	23.757	80.695
3	0.938	15.639	96.334			
4	0.210	3.507	99.840			
5	0.010	0.160	100.000			
6	2.180×10^{-16}	3.633×10^{-15}	100.000			

由此可以看出在环境低碳的指标里,系统选择特征值大于 1 的成分确定为主成分,从表中可以得到结果:有两个主成分累积百分比达 80.695%。

基于两个主成分的特征值以及成分矩阵得到各个指标的权重(表 9-7)。

表 9-7　指标权重表

指标	主成分 1	主成分 2
C17	0.503	0.133
C18	0.100	−0.696
C19	0.111	0.559
C20	0.436	0.310
C21	−0.501	0.279
C22	0.533	−0.103

计算环境低碳的两个主成分得分的表达式并代入求解综合评分后得到如表所示的结果。

由表 9-8 可知,在主成分 1 中,生活垃圾处理率、污水处理率、空气质量优良率这三个指标在主成分 1 中占主要成分,这些对于减排有促进作用,所以值越大越好;主成分 2 中包含的是工业废水排放量以及二氧化硫排放量等,对于排放量有促进作用,两者近几年单位面积排放的二氧化硫呈现下降趋势,生活垃圾处理率等也有所好转,所以从 2015～2020 年环境低碳指标呈现好转。且达到省要求(表 9-9)。

3. 社会低碳指标

由社会低碳下的三级指标值即 C23～C30 标准化后的数据,构建相关性矩阵(图 9-10):

表 9-8 成分矩阵表

指标	主成分	
	1	2
C22	0.985	−0.123
C17	0.929	0.159
C21	−0.925	0.333
C20	0.806	0.370
C18	0.185	−0.831
C19	0.205	0.668

表 9-9 成分得分排名表

年份	主成分 1	主成分 2	综合得分	排名
2015	−2.84	−0.63	−1.76	6
2016	−1	−0.52	−0.69	5
2017	−0.61	2.03	0.12	4
2018	0.86	0.36	0.57	2
2019	1.31	−1.47	0.41	3
2020	2.28	0.23	1.35	1

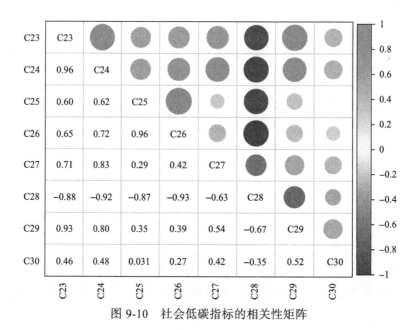

图 9-10 社会低碳指标的相关性矩阵

得出 C23～C30 指标对应的特征值、特征向量、指标贡献率及累积贡献率，见表9-10。

表 9-10　总方差解释表

成分	总方差解释					
	初始特征值			提取载荷平方和		
	总计	方差百分比	累积/%	总计	方差百分比	累积/%
1	5.466	68.322	68.322	5.466	68.322	68.322
2	1.397	17.460	85.782	1.397	17.460	85.782
3	0.603	7.542	93.324			
4	0.503	6.292	99.616			
5	0.031	0.384	100.000			
6	2.135×10^{-16}	2.669×10^{-15}	100.000			
7	4.117×10^{-17}	5.147×10^{-16}	100.000			
8	-3.457×10^{-16}	-4.321×10^{-15}	100.000			

提取方法：主成分分析法。

由此可以看出在社会低碳的指标里，系统选择特征值大于 1 的成分确定为主成分，从表中可以得到结果：有两个主成分累积百分比达 85.782%。

基于两个主成分的特征值以及成分矩阵得到各个指标的权重（表 9-11）。

表 9-11　指标权重表

指标	主成分 1	主成分 2
C23	0.408	0.139
C24	0.417	0.103
C25	0.319	−0.552
C26	0.354	−0.420
C27	0.317	0.283
C28	−0.414	0.205
C29	0.341	0.331
C30	0.212	0.507

计算社会低碳的两个主成分得分的表达式并代入求解综合评分得到表 9-12 所示的结果。

表 9-12　成分得分排名表

年份	主成分 1	主成分 2	综合得分	排名
2015	−2.47	1.91	−1.36	6
2016	−1.25	−0.78	−0.99	4

续表

年份	主成分1	主成分2	综合得分	排名
2017	−1.43	−0.91	−1.14	5
2018	0.3	0.12	0.23	3
2019	0.74	−1.12	0.31	2
2020	4.12	0.79	2.95	1

三个指标的综合得分见表9-13。

表 9-13　三个指标综合得分表

年份	经济低碳	环境低碳	社会低碳
2015	3.28	−1.76	−1.36
2016	−0.07	−0.69	−0.99
2017	−0.52	0.12	−1.14
2018	−0.19	0.57	0.23
2019	−0.83	0.41	0.31
2020	−1.66	1.35	2.95

根据表9-14进行标准化后，用熵权法计算各个指标的熵权值，见表9-14。

表 9-14　熵值表

指标	经济低碳	环境低碳	社会低碳
熵值	0.695	0.668	0.531
信息效用值	0.305	0.332	0.469
熵权	0.276	0.300	0.424

确定各个指标权重后，以及三个指标的综合得分表（表9-15），结合这两个表得到贵阳市2015~2020年低碳发展水平综合得分。

表 9-15　贵阳市 2015~2020 年低碳发展水平综合得分表

年份	综合得分
2015	−0.19936
2016	−0.64608
2017	−0.59088
2018	0.21608
2019	0.02536
2020	1.19764

由最后的三个指标熵权表可得出，社会低碳所占的权重最大，其次是环境低碳，最后是经济低碳，社会低碳和环境低碳中所做出的低碳建设即生态保护、绿化覆盖面积以及空气质量对于贵阳市反映低碳水平而言占主要部分，这与贵阳市具有优势的生态地理环境有着不可分割的联系，虽然低碳经济的权重较低，但是通过低碳经济部分的三级指标评估后的综合得分可以看出，近几年贵阳市的经济发展以及产业结构调整也为贵阳市低碳发展做出了不少贡献。由最终的评分表可得，2019 在去年的基础上得分下降，这与数据可获得性有着一定的联系。可能受到疫情的突发影响等，部分指标在搜集数据时无法找到 2019 年的数据，由于缺失值统一被归零处理，所以可能会有一定的误差这也间接反映了疫情对于低碳发展存在一部分影响。

9.4　后发型城市贵阳市低碳建设面临的困难与挑战

自贵阳市被纳入第一批低碳试点城市以来，通过多方面创新调整获得了低碳发展进步，但依然面临着很多困难与挑战。

1. 经济层面

区域间经济竞争激烈。在全球经济再平衡和产业格局再调整，以及我国进入经济新常态的背景下，全球供需结构正在发生深刻变化，庞大生产能力与有限市场空间的矛盾更加突出，国际市场竞争更加激烈。并且，贵阳市周边的成渝都市圈、北部湾经济区、滇中经济区等发展势头迅猛，各城市群之间的竞争日益白热化；与周边省会城市相比，贵阳市的城市首位度不高，城市空间体量小，城镇产业培育壮大面临强大压力。另外，紧挨贵阳市的贵安新区在国家政策支持下，资金、人才和技术等因素集聚，在发展大数据等新兴产业方面具有优势，对贵阳市绿色低碳发展提出挑战，区域竞争激烈。

区域内经济发展不协调。各区市县经济发展不平衡，中心城区经济总量大大高于其他区市县。各区市县经济都保持逐年较快增长的趋势，但市县增长势头大都较为平缓，难以后发赶超。城乡区域发展不协调，农村基础设施薄弱。

资源承载能力不足。随着经济的快速增长，城镇化的深入推进，资源环境的承载能力将受到严重挑战。土地资源方面，新增建设用地规模缺口较大；水资源方面，工程性缺水制约城镇规模发展；能源方面，能源消费和煤炭消费总量都提出了控制目标。

2. 环境层面

城市交通拥堵。机动车发展呈现高速度增长与道路资源的矛盾日益加剧。中心城区快速路建设不成体系，跨区域快速化通行成为瓶颈，路网结构不尽完善，次、支路网所占比例偏低,微循环不畅。人口、就业岗位和城市公共服务设施仍集中在老城区,出行时空分布向心型、潮汐式特征更加突出,老城区交通拥堵进一步加剧。拥堵的城市交通是贵阳市低碳交通发展的主要挑战。

山地形势造成交通无效能耗。贵阳市具有典型的山地城市特征。山地城市地质情况复杂,对道路选线有很大制约。同时,由于山地城市道路曲线多,坡度大,使实际的出行路程增加,造成了车辆能耗增加,排放的尾气增多。山地丘陵地形不利于大型电动公交车的发展,同时由于山地城市地形限制以及自行车交通系统不完善,自行车等绿色交通工具很少使用。

3. 社会层面

基础设施建设滞后于城镇人口的增长。随着城市规模的快速扩张和城镇人口的高度聚集,虽然城镇基础设施和公共服务设施建设已不断增容,但由于历史欠账较多,仍不能满足城镇人口的增长和需求,特别是“三县一市”地区的基础设施建设亟待加强。市区交通堵塞严重,部分小区生活配套设施有待完善,缺少必要的体育保健、文化休闲设施和停车泊位等。城镇基础设施与人口之间的矛盾不断凸显,降低了居民的生活幸福感。

城镇空间布局优化制约因素多。首先,城镇等级结构有待完善。受经济、交通及区位条件的影响,中心城区周边及沿主要交通干线的少数城镇发展较快,其余大部分城镇发展较慢,市域城镇体系仍处于初期发展阶段。其次,城市功能过度集中。商业、医疗卫生、文化娱乐等服务设施主要集中在老城区的主要路段,外围组团公共服务设施仍然存在较大的优化完善和提档升级空间。功能在空间上过度集中与组团功能相对不足的矛盾影响了城市效率的发挥。同时,城镇间有机联系薄弱。受地形、经济及交通条件的制约,城镇间分工合作有待加强,制约了区域间的协同发展。

9.5　后发型城市贵阳市低碳城市建设政策建议

结合评估结果以及贵阳市低碳发展的困难与挑战,提出以下几点政策建议。

稳固低碳旅游业发展,积极利用生态环境优势。贵州省多山会造成运输成本较大,但也正因为该优势,贵州省有着许多著名的生态景点,发展旅游业的同时对贵阳市旅游景区、宾馆等宣传节能减排和进行软硬件改造,推广绿色饭店,减少一次性用品的使用等。

提倡低碳生活方式,引导公众参与低碳活动。贵阳市多次组织了低碳论坛,但是这只能使部分学者加强低碳研究交流,但是落到实处,还是得依靠群众的行动,因此对于低碳知识、低碳理念及低碳行为的宣传必须抓牢、抓紧,达到每个人都能意识到低碳行为的重要性并且知道如何行动,鼓励式宣传或将成为大部分人所习惯的方式。

优化城市交通路线，减少公路交通能源消耗。每个城市都会存在一部分交通拥堵的问题，但是贵阳市交通拥堵问题日趋严重，定点时间的交通管制，进行限流管制，此外贵阳市的人均公交汽车使用次数近几年并没有上升，一方面说明市民的低碳意识还不够普遍，另一方面反映的是公交汽车的不便，所以建议进行公交站台的优化和路线规划改善。

优化升级产业结构，转变经济发展形势。贵阳市绿色金融支持绿色低碳转型发展工作取得显著成效，因此，积极引导目前的企业进行产业结构调整，如汽车行业转向为生产甲醇汽车，鼓励高排放产业对于低碳生产投入成本，加强低碳减排技术，大力发展低碳产业，建立激励机制，引入碳交易机制，规范调整产业结构。

及时更新减排政策，严格执行低碳规划。低碳试点城市对于碳减排产生的效应一般对于刚发布政策那几年有显著正向效应，但是越往后发展，面临的低碳发展难题越大，所需要解决的问题越多，这时就需要及时更新低碳政策文件，这是指导城市低碳发展最核心的部分，所以这部分必须具备及时性、准确性、创新性以及严谨性，拓展低碳发展项目，让更多科研者、社会实践者参与低碳规划中。

参 考 文 献

曹翔, 高瑀. 2021. 低碳城市试点政策推动了城市居民绿色生活方式形成吗? 中国人口·资源与环境, 31(12): 93-103.

陈军腾, 任云英. 2021. 近十年低碳城市评价研究进展//中国城市规划学会. 面向高质量发展的空间治理——2020中国城市规划年会论文集(08城市生态规划): 850-860.

陈楠, 庄贵阳. 2018. 中国低碳试点城市成效评估. 城市发展研究, 25(10): 88-95, 156.

褚国栋, 高志英. 2017. 低碳城市试点效果实证分析. 合作经济与科技, 20: 4-7.

崔大鹏. 2003. 我国应对气候变化政策工具选择问题探讨——总量控制与交易、碳税和政策与措施三者相结合方案. 环境保护, 31(11): 4-7.

邓荣荣, 胡玥. 2021. 低碳城市发展的文献述评与研究展望. 城市学刊: 30-39.

邓荣荣. 2016. 我国首批低碳试点城市建设绩效评价及启示. 经济纵横, 8: 41-46.

董梅. 2021. 低碳城市试点政策的工业污染物净减排效应——基于合成控制法. 北京理工大学学报(社会科学版), 23(5): 16-30.

高鹏飞, 陈文颖. 2002. 碳税对中国经济增长的影响分析——基于CGE模型的模拟. 中国人口·资源与环境, 12(5): 1-5.

国家发展改革委宏观经济研究院. 2014. 迈向低碳时代: 中国低碳试点经验. 中国发展出版社.

贺菊煌. 2002. 碳税对中国经济发展的影响. 经济研究, (6): 4-11.

胡鞍钢. 2008. 中国经济发展战略. 北京: 中央编译出版社.

黄伟光, 汪军. 2014. 中国低碳城市建设报告. 北京: 科学出版社.

姜砺砺. 2010. 碳交易在我国低碳经济发展中的作用及其制度安排探讨. 法学评论, (1): 67-76.

蒋含颖, 段祎然, 张哲, 等. 2021. 基于统计学的中国典型大城市CO_2排放达峰研究. 气候变化研究进展, 17(2): 131-139.

蒋尉. 2021. 我国低碳城市建设及相关研究维度变化与拓展. 城市: 50-59.

李梦宇, 谢露, 张紫薇, 等. 2021. 可持续发展世界城市内涵、特征、评价及成都实践. 西华大学学报(哲学社会科学版), 40(6): 97-109.

李顺毅. 2018. 低碳城市试点政策对电能消费强度的影响——基于合成控制法的分析. 城市问题, 7: 38-47.

李晓燕, 邓玲. 2010. 我国直辖市低碳发展路径研究. 经济地理, 30(12): 2015-2020.

李颖, 武学, 孙成双, 等. 2021. 基于低碳发展的北京城市生活垃圾处理模式优化. 资源科学, 43(8): 1574-1588.

廖虹云, 赵盟, 李艳霞. 2022. 北京市高分辨率CO_2排放清单研究. 气候变化研究进展: 188-195.

林剑艺, 王金南, 张晓波. 2014. 基于影响因素分解法的中国省域低碳发展水平评价. 数量经济技术经济研究, 31(5): 3-17.

刘婕, 李晓晖, 吴丽娟. 2021. 碳中和语境下的控规低碳指标体系构建——以广州为例//面向高质量发展的空间治理——2021中国城市规划年会论文集(17详细规划): 220-229.

刘强. 2008. 能源环境政策评价模型的比较分析. 中国能源, 30(5): 26-31.

刘天乐, 王宇飞. 2019. 低碳城市试点政策落实的问题及其对策. 环境保护, 47(1): 39-42.

刘竹, 关大博, 魏伟. 2018. 中国二氧化碳排放数据核算. 中国科学: 地球科学, 48(7): 878-887.

柳下正治. 2007. 日本的低碳社会构想. 中国能源, (2): 5-9.

陆贤伟. 2017. 低碳试点政策实施效果研究——基于合成控制法的证据. 软科学, 31(11): 98-101, 109.

苗君强. 2014. 低碳经济的基本要素及其实现路径. 经济问题探索, (8): 1-6.

齐晔. 2013. 低碳城市建设的政策创新与实践——以广州市为例. 中国人口·资源与环境, 23(1): 1-8.

宋弘, 孙雅洁, 陈登科. 2019. 政府空气污染治理效应评估——来自中国"低碳城市"建设的经验研究. 管理世界, 35(6): 95-108, 195.

宋祺佼, 王宇飞, 齐晔. 2015. 中国低碳试点城市的碳排放现状. 中国人口·资源与环境, 25(1): 78-82.

苏明, 傅志华. 2009. 碳税对中国经济增长的影响分析——基于 CGE 模型的模拟. 统计与决策, (16): 78-80.

谈琦. 2011. 基于低碳经济的城市评价指标体系构建与实证分析. 经济地理, 31(11): 1869-1874.

汪曾涛. 2009. 碳税对中国能源消费结构的影响分析. 中国人口·资源与环境, 19(8): 1-6.

王金南, 杨富强, 张晓波, 等. 2009. 碳税对中国经济增长的影响分析. 数量经济技术经济研究, 26(10): 5-18.

王伟光. 2014. 气候变化绿皮书:应对气候变化报告(2014). 北京: 社会科学文献出版社.

王彦佳. 2010. 低碳经济与中国经济发展. 经济问题探索, (1): 1-5.

王玉芳. 2010. 低碳城市评价体系研究. 保定: 河北大学.

王越. 2021. 成都的低碳实践. 今日中国: 24-26.

魏保军, 李迅, 张中秀. 2021. 城市碳达峰规划技术策略体系研究. 城市发展研究: 1-9.

魏涛远. 2002. 碳税对中国经济增长的影响分析——基于 CGE 模型的模拟. 统计与决策, (16): 78-80.

魏一鸣, 廖华, 唐葆君, 等. 2017. 中国能源报告 2016:能源市场研究. 北京: 科学出版社.

魏一鸣, 廖华, 余碧莹, 等. 2018. 城市低碳转型: 理论与实践.中国能源报告 2018: 源密集型部门绿色转型. 北京: 科学出版社.

吴健生, 许娜, 张曦文. 2016. 中国低碳城市评价与空间格局分析. 地理科学进展, 35(2): 204-213.

杨芳. 2010. 发展低碳之路与变革产业发展模式. 科技进步与对策, 27(2): 1-4.

叶翀, 赵朝阳. 2021. 低碳试点政策对国际快时尚企业区位拓展影响研究——来自中国"低碳城市"建设的准自然实验证据. 北京邮电大学学报(社会科学版), 23(5): 31-40.

曾刚. 2009. 碳税对中国经济增长的影响分析——基于 CGE 模型的模拟. 统计与决策, (16): 78-80.

张坤民, 李晓光, 郭建. 2008. 低碳经济:中国的战略选择. 中国工业经济, (7): 5-15.

张良, 李晓燕, 邓玲. 2011. 低碳城市评价指标体系及其应用. 中国城市研究(电子期刊), 6(2): 1-8.

张梦思. 2015. 碳达峰、碳中和的经济学解读. 中国社会科学, (3): 12-25.

张宁. 2010. 碳税对中国能源消费结构的影响分析——基于 CGE 模型的模拟. 统计与决策, (16): 78-80.

中国环境与发展国际合作委员会中国低碳经济发展途径研究课题组. 2009. 中国低碳发展报告. 北京: 社会科学文献出版社.

中国社会科学院城市发展与环境研究所. 2013. 重构中国低碳城市评价指标体系: 方法学研究与应用指南. 北京: 社会科学文献出版社.

钟昌标, 胡大猛, 黄远浙. 2020. 低碳试点政策的绿色创新效应评估——来自中国上市公司数据的实证研究. 科技进步与对策, 37(19): 113-122.

周剑, 何建坤. 2008. 碳税对中国经济增长的影响分析——基于 CGE 模型的模拟. 统计与决策, (16): 78-80.

庄贵阳. 2020. 中国低碳城市试点的政策设计逻辑. 中国人口·资源与环境, 30(3): 19-28.

庄贵阳, 等. 2020. 中国低碳城市建设评价: 方法与实证. 北京: 中国社会科学出版社.

庄贵阳, 周枕戈. 2018. 高质量建设低碳城市的理论内涵和实践路径. 北京工业大学学报(社会科学版), 18(5): 30-39.

Cheng Q, Su B, Tan J. 2013. Developing an evaluation index system for low-carbon tourist attractions in China-a case study examining the Xixi wetland. Tourism Management, 36: 314-320.

Feng J, Zeng X, Yu Z. 2019. Status and driving forces of CO_2 emission of the national low carbon pilot: case study of Guangdong Province during 1995—2015. Energy Procedia, 158: 3602-3607.

Fukuda Y, Oh-Ishi K, Horita Z, et al. 2002. Processing of a low-carbon steel by equal-channel angular pressing. Acta Materialia, 50(6): 1359-1368.

Hansen J E. 2007. Scientific reticence and sea level rise. Environmental Research Letters, 2(2): 024002.

Hu B, Li J Y. 2014. Dynamic comparison studies on development of low-carbon city in Beijing-Tianjin-Hebei region. In Advanced Materials Research, 869: 91-94.

Huang Z, Fan H, Shen L. 2019. Case-based reasoning for selection of the best practices in low-carbon city development. Frontiers of

Engineering Management, 6(3): 416-432.

IPCC. 2013. Climate change 2013: The physical science basis//Contribution of Working Group I to the Fifth Assessment Report of the Intergovernmental Panel on Climate Change. Cambridge: Cambridge University Press.

Kawase R, Matsuoka Y, Kainuma M. 2007. The assessment of global warming mitigation options in Brazil and India using AIM/Enduse model. Energy Policy, 35(2): 919-931.

Keohane R O. 2009. The political economy of cap and trade. The American Prospect, 20(6): 28-31.

Kitahara H, Ueji R, Tsuji N, et al. 2006. Crystallographic features of lath martensite in low-carbon steel. Acta Materialia, 54(5): 1279-1288.

Li H, Wang J, Yang X, et al. 2018. A holistic overview of the progress of China's low-carbon city pilots. Sustainable Cities and Society,42: 289-300.

Liu J, Feng T, Yang X. 2011. The energy requirements and carbon dioxide emissions of tourism industry of Western China: a case of Chengdu city. Renewable and Sustainable Energy Reviews, 15(6): 2887-2894.

Liu T, Wang Y, Li H, et al. 2021. China's low-carbon governance at community level: a case study in Min'an community, Beijing. Journal of Cleaner Production, 311: 127530.

Liu X, Li Y, Chen X, et al. 2022. Evaluation of low carbon city pilot policy effect on carbon abatement in China: an empirical evidence based on time-varying DID model. Cities, 123:103582.

Martinez S, Stern I. 2002. Thermodynamic characterization of metal dissolution and inhibitor adsorption processes in the low carbon steel/mimosa tannin/sulfuric acid system. Applied Surface Science, 199(1-4): 83-89.

Mohsin M, Rasheed A K, Sun H, et al. 2019. Developing low carbon economies: an aggregated composite index based on carbon emissions. Sustainable Energy Technologies and Assessments, 35: 365-374.

Nordhaus W D. 2007. A review of the Stern Review on the economics of climate change. Journal of Economic Literature, 45(3): 686-702.

O'Brien L V, Meis J, Anderson R C, et al. 2018. Low carbon readiness index: a short measure to predict private low carbon behaviour. Journal of Environmental Psychology, 57: 34-44.

OECD. 2013. Framework of OECD work on environmental data and indicators. Environment at A Glance: 9-10.

OECD. 2021. Effective carbon rates 2021: Pricing carbon emissions through taxes and emissions trading. Paris: OECD Publishing.

Qin B, Han S S. 2013. Planning parameters and household carbon emission: Evidence from high-and low-carbon neighborhoods in Beijing. Habitat International, 37: 52-60.

Ramunni V P, Coelho T D P, de Miranda P V. 2006. Interaction of hydrogen with the microstructure of low-carbon steel. Materials Science and Engineering: A, 435: 504-514.

Randers J. 2007. How to achieve a low-carbon economy in Norway by 2050: A report to the Norwegian Ministry of Environment. Oslo: Ministry of Environment.

Shen L, Wu Y, Lou Y, et al. 2018. What drives the carbon emission in the Chinese cities? A case of pilot low carbon city of Beijing. Journal of Cleaner Production, 174: 343-354.

Shi L, Xiang X, Zhu W, et al. 2018. Standardization of the evaluation index system for low-carbon cities in China: A case study of Xiamen. Sustainability, 10(10): 3751.

Shi X Q, Li X N, Yang J X. 2013. Research on carbon reduction potential of electric vehicles for low-carbon transportation and its influencing factors. Huan Jing Ke Xue, 34(1): 385-394.

Song L, Li F. 2012. The assessment index system of low-carbon city development. In Advanced Materials Research, 347: 1287-1294.

Song M, Zhao X, Shang Y. 2020. The impact of low-carbon city construction on ecological efficiency: Empirical evidence from quasi-natural experiments. Resources, Conservation and Recycling,157: 104777.

Song Q, Liu T, Qi Y. 2021. Policy innovation in low carbon pilot cities: Lessons learned from China. Urban Climate, 39: 100936.

Stiglitz J E. 2006. A new agenda for global warming. The Economists' Voice, 3(7): 1-4.

Tian Y, Song W, Liu M. 2021. Assessment of how environmental policy affects urban innovation: Evidence from China's low-carbon pilot cities program. Economic Analysis and Policy, 71: 41-56.

Treffers D J, Faaij A P, Spakman J, et al. 2005. Exploring the possibilities for setting up sustainable energy systems for the long term: Two visions for the Dutch energy system in 2050. Energy Policy, 33(13): 1723-1743.

Tsuji N, Ueji R, Minamino Y, et al. 2002. A new and simple process to obtain nano-structured bulk low-carbon steel with superior mechanical property. Scripta Materialia, 46(4): 305-310.

Wen S, Jia Z, Chen X. 2022. Can low-carbon city pilot policies significantly improve carbon emission efficiency? Empirical evidence from China, Journal of Cleaner Production, 346: 131131.

Xiao Y, Yang H, Zhao Y, et al. 2022. A comprehensive planning method for low-carbon energy transition in rapidly growing cities. Sustainability, 14(4): 2063.

Yang X, Wang X C, Zhou Z Y. 2018. Development path of Chinese low-carbon cities based on index evaluation. Advances in Climate Change Research, 9(2): 144-153.

Yang Y, Wang C, Liu W, et al. 2017. Microsimulation of low carbon urban transport policies in Beijing. Energy Policy, 107: 561-572.

Yu Y, Zhang N. 2021. Low-carbon city pilot and carbon emission efficiency: Quasi-experimental evidence from China. Energy Economics, 96(2): 105-125.

Zha J, Dai J, Ma S, et al. 2021. How to decouple tourism growth from carbon emissions? A case study of Chengdu, China. Tourism Management Perspectives, 39: 100849.

Zhang L, Feng Y, Chen B. 2011. Alternative scenarios for the development of a low-carbon city: A case study of Beijing, China. Energies, 4(12): 2295-2310.

Zhang W, Lu J, Zhang Y. 2016. Comprehensive evaluation index system of low carbon road transport based on fuzzy evaluation method. Procedia Engineering, 137: 659-668.

Zhao G, Guerrero J M, Jiang K, et al. 2017. Energy modelling towards low carbon development of Beijing in 2030. Energy, 121: 107-113.

Zhao P, Lu B. 2011. Managing urban growth to reduce motorised travel in Beijing: One method of creating a low-carbon city. Journal of Environmental Planning and Management, 54(7): 959-977.

Zhao R, Geng Y, Liu Y, et al. 2018. Consumers' perception, purchase intention, and willingness to pay for carbon-labeled products: A case study of Chengdu in China. Journal of Cleaner Production, 171: 1664-1671.

Zheng J, Shao X, Liu W, et al. 2021. The impact of the pilot program on industrial structure upgrading in low-carbon cities. Journal of Cleaner Production, 290: 125868.